Facilitation
引導學

有效提問、
促進溝通、
形成共識的關鍵能力

堀公俊
HORI Kimitoshi

梁世英 譯

（本書改版自2012年《Facilitation引導學：創造場域、高效溝通、討論架構化、形成共識，21世紀最重要的專業能力！》）

經營管理 100

Facilitation引導學

有效提問、促進溝通、形成共識的關鍵能力

（ファシリテーション入門）

作　　者　堀公俊（HORI Kimitoshi）
譯　　者　梁世英
企畫選書人　文及元
責任編輯　文及元
行銷業務　劉順眾、顏宏紋、李君宜

總 編 輯　林博華
發 行 人　凃玉雲
出　　版　經濟新潮社
104台北市中山區民生東路二段141號5樓
電話：(02)2500-7696　傳真：(02)2500-1955
經濟新潮社部落格：http://ecocite.pixnet.net
發　　行　英屬蓋曼群島商家庭傳媒股份有限公司城邦分公司
104台北市中山區民生東路二段141號11樓
客服服務專線：02-25007718；25007719
24小時傳真專線：02-25001990；25001991
服務時間：週一至週五上午09:30-12:00；下午13:30-17:00
劃撥帳號：19863813；戶名：書虫股份有限公司
讀者服務信箱：service@readingclub.com.tw
香港發行所　城邦（香港）出版集團有限公司
香港灣仔駱克道193號東超商業中心1樓
電話：852-25086231　傳真：852-25789337
E-mail: hkcite@biznetvigator.com
馬新發行所　城邦（馬新）出版集團Cite(M) Sdn. Bhd. (458372 U)
41, Jalan Radin Anum, Bandar Baru Sri Petaling,
57000 Kuala Lumpur, Malaysia.
電話：(603) 90563833　傳真：(603) 90576622
E-mail: services@cite.my
印　　刷　漾格科技股份有限公司
初版一刷　2012年12月18日
二版一刷　2023年4月6日

城邦讀書花園
www.cite.com.tw

ISBN：9786267195222

售價：370元
Printed in Taiwan

〈出版緣起〉

我們在商業性、全球化的世界中生活

經濟新潮社編輯部

跨入二十一世紀，放眼這個世界，不能不感到這是「全球化」及「商業力量無遠弗屆」的時代。隨著資訊科技的進步、網路的普及，我們可以輕鬆地和認識或不認識的朋友交流；同時，企業巨人在我們日常生活中所扮演的角色，也是日益重要，甚至不可或缺。

在這樣的背景下，我們可以說，無論是企業或個人，都面臨了巨大的挑戰與無限的機會。

本著「以人為本位，在商業性、全球化的世界中生活」為宗旨，我們成立了「經濟新潮社」，以探索未來的經營管理、經濟趨勢、投資理財為目標，使讀者能更快掌握時代的脈動，抓住最新的趨勢，並在全球化的世界裏，過更人性的生活。

之所以選擇「經營管理—經濟趨勢—投資理財」為主要目標，其實包含了我們的關注：「經營管理」是企業體（或非營利組織）的成長與永續之道；「投資理財」是個人的安身之道；而「經濟趨勢」則是會影響這兩者的變數。綜合來看，可以涵蓋我們所關注的「個人生活」和「組織生活」這兩個面向。

這也可以說明我們命名為「經濟新潮」的緣由——因為經濟狀況變化萬千，最終還是群眾心理的反映，離不開「人」的因素；這也是我們「以人為本位」的初衷。

手機廣告裏有一句名言：「科技始終來自人性。」我們倒期待「商業始終來自人性」，並努力在往後的編輯與出版的過程中實踐。

目錄

Facilitation引導學

第四章 高效溝通的技巧──理解與引出──97

第五章 討論架構化的技巧——嵌合與整理——137

第六章 形成共識的技巧——彙總與分享——177

前言

你身處的組織，在解決問題這件事上，會不會時常呈現出刻板、僵化的狀態？

日前在一場由筆者擔任講師的研習課程裡，我安排讓學員針對「解決問題」進行個案研討。結果大家討論出來的答案，相當令人難以置信。那堂課是針對「在經營環境內外交迫的情況下，要如何回應客戶期望？」這個課題，讓學員以團隊討論的方式，練習找出能讓雙方滿意的解決方案。而學員討論後，「以問卷確認客戶的期望內容」「建立一個能讓客戶與企業對話的管道」「以客戶的建言當令箭，去說服總經理」等莫名其妙的回答，彷彿理所當然般地接二連三出現。

「有什麼不對嗎？」

看不出來哪裡有毛病的人，有必要馬上住院接受急診。這些答案的問題就在於，它們全都沒有從本質上解決，只是在不斷地拖延時間而已（請參閱第六章）。如此一來，事態將在人們無關緊要的緩慢討論中，朝著愈來愈糟糕的方向發展。由於那場研習的與會者，是隸屬於日本數一數二巨大組織負責內部訓練的幹部，這個情況，不禁讓人背脊竄過一股寒氣。

但事實上，上述情況無論在哪個組織都多多少少存在，讓人不得不憂心侵蝕人們自行解決問題能力的生活習慣病，已蔓延得相當嚴重。這種情形只要觀察會議的議論品質，就可以一目瞭然——大多數的會議變得淪於形式或思考僵化，只會不斷提高個人的封閉感。如果我們現在不能徹底改革「以組織之力解決問題的方法」，未來，將會發展成巨大的問題。

本書中要介紹給各位的「引導學」（Facilitation），是一門誕生於美國、用來解決問題與形成共識的技術。它不只能提高會議效率，甚至蘊含有推動社會改革的力量。這門技術在全球不斷朝向自律型社會發展的這個世紀，也被稱為是「二十一世紀最重要的技術」。

很幸運地，引導學正有如過去的終身雇用制或小集團活動一樣，隱含著一股力量，有可能發展成受全世界矚目的經營革新，為企業建立全新的競爭優勢。

本書內容，將聚焦於引導學中應用範圍最廣、需求最高的主持會議與專案管理上，為各位讀者解說相關的核心能力。書中已詳列所有不可或缺的觀念，強烈建議各位在閱讀之後，放手試著去實踐。而關於「如何突破實踐時遇到之困難」的應用技巧，如有機會，再另行為各位介紹。

堀　公俊

二〇〇四年六月

第一章

備受矚目的引導學

1 過去的領導與管理方式之界限

以組織之力解決問題的方式變得僵化

我們每個人都必須在每天的生活中，不斷地面對並解決各式各樣的問題。而什麼叫做「問題」？一言以蔽之，所謂的問題就是「理想」與「現實」之間的差距。自己所抱持的期待、定下的目標或主張的理想，與現實情況之間必定存在落差。只要心懷某種願望，便會出現「問題」。

許多問題不是自己一個人就能解決的，所以我們會向別人尋求協助，或是請教其他人的建議。而若是那個問題牽涉到更多相互糾纏的複雜要素，甚至有可能必須經由相關人等協力合作，否則問題將難以解決。

為了處理這樣的狀況，人們發明了「組織」，意圖結合眾人的智慧與力量，一起解決問題。為了達到這個目的，組織必須協調各種意見，整合出共識，透過參與式合作的方式，解決那些無法由一個人扛起的大問題。

然而，像這樣「以組織之力解決問題」的方式，卻不免處處遇到瓶頸，致使企業內部充斥著堆積如山的各種怨言，像是：「即使開會，也是徒勞無功。」「難得的人才，卻被冷凍。」「團隊裡頭出現對立，導致專案無法順利進行。」「組織僵化，企業反應變得有如恐龍般遲鈍。」等等。若無法解除這些狀況，別說是解決問題，連組織的活力都將蕩然無存。

面對這種情形，最常被搬出來的解釋是，這些是屬於「人」的問題。也就是主張只要領導者與成員分別擁有各司其職所需的能力（或是，只要把擁有該等能力的人安置在領導者或成員的位子），如此一來，問題就能獲得解決——換句話說，這個想法認為組織功能之所以不全，是因為個人能力趕不上瞬息萬變的企業活動。

這樣的主張，並非無法理解。但是，真的只要每個人擁有完整的生涯規劃、磨練自己的專業能力、並進行適才適所的人才配置，組織就能完美地解決問題嗎？現今的日本，專業型人才業已增加，著重基礎商務能力的教育亦相當普及。而包括各種指導技巧在內的「引出個人能力的方法」，也日益興盛。但即便如此，剛剛提到的各種問題，看起來卻只增不減。因此，參與式合作之所以失敗，是不是應該避免歸咎於個人能力問題，而是需要轉換一個更大的思考方向，才有辦法解釋？

在社會問題的解決上亦陷入瓶頸

而事實上，這樣的問題並非僅存於商界。在社會上，也到處可見。以我們生活周遭的狀況為例，像社區問題，便是其中之一。在經歷過漫長時間的發展之後，日本總算也開始步入真正的地方自治時代，由市民自行推動社區營造的案例日漸增加。而這，就是所謂的「市民參與式合作之社區營造」，也就是由市民主動發起集會，以自行討論的方式，解決市民自己所面臨的問題。

然而，一旦實際執行下去，就會發現這絕不是一件簡單的事。畢竟在地區共同體已然崩潰的現在，人們即使住在同一塊區域，也不過是像一盤散沙。不但彼此年齡、職業相異，信仰和價值觀也不同。結果，由像這樣背景的人們從零開始逐步累積共識，只會造成彼此的想法不斷衝突，無論如何都難有什麼進展。最後，通常是演變成嚴重的對立，光要建立共識，就得花上好幾年。

仔細想想，會淪落到這步田地，也該說是理所當然。因為到目前為止，日本一般市民對各種政策的共識形成幾乎是無權參與，只能把一切都委任給政府官員或政治家。而這些政治人士，向來是以悖離民主的方式做出決策，使得串聯起市民智慧與力量的技術，至今未能受到任何培育。結果在這個層面，也跟前一節所提及的一樣，遇到結構問題。

讓我們再來看看另一個也在你我身邊的例子——關於學校教育的問題。自從日本開始了現代的學校制度以來，所謂的學校教育，採行的便是「以單向方式對均質集團進行一致授課」的填鴨式教育。然而，隨著社會環境大幅變化，蹺課、不服管教、霸凌等各種問題不斷出現。結果，有些地方甚至因此無法正常上課，使得「班級」這個學習單位，陷入功能不全的窘境。教育的活化，可說是目前日本面臨的最大課題之一。

今後的學校教育，必須能夠喚起學生的學習欲望與個人特質，培養他們在社會中自律生存的能力。甚至必須更進一步，修正「自掃門前雪」那種錯誤的個人主義，培育出能對社會負責進而積極採取行動之人才。

為了達到這個目的，若只將問題歸咎於教師的能力不足或是學生不用功，那麼事情還是無法獲得任何進展。想要改變，就必須讓大家朝向「學習」這個共同目標，一同進行參與式合作的流程改革。由此可知，在這個層面，實施人與組織的新型操作手法，亦變得有其必要。

從「個人」轉變為「串聯」

接下來，讓我們用推動組織的兩股力量：「領導」與「管理」的角度，來試著思考這個問題。

容筆者先說明一下，領導者最重要的功能，就是決定組織的方向。面對複雜的環境，明確定義出組織的存在意義（Mission）、組織所追求的目標（Vision），以及抵達那裡的策略（Strategy）。除此之外，並應親身做為理想行為準則的表率，培育人才，培育組織。尤其在充斥著激烈競爭與變化的現在，領導者的本業，更該聚焦於隨時提出改革的方向，並盡力推進組織朝那個方向前進。

相對於領導者，管理者的功能，則是在達成既定的目標。如果說，領導者的任務是讓「目標是什麼」（What）明確化，管理者的任務就是決定「如何去做」（How）——也就是擬定達成目標的具體計畫、決定組織結構、規劃組織所擁有的各種資源配置。除此之外，接下來還必須管理各個成員的進度，將其導向預期的成果，並檢討整個過程以提高品質。這就是「管理」。

然而，現今的世界，組織面對的環境更為複雜，變化之快，正以加速度方式增加。即使是領導者，想要預測未來或是看清組織應該前進的道路與方向，難度都變得愈來愈高。身為管理者，處在日益複雜化與專業化的業務之中，要逐一管理各項工作，也變得困難重重。

如此一來，現場的資訊將礙難傳達給領導者或管理者，使得組織原本擁有的回饋（調節、控制）機能也變得麻痺。而愈是手忙腳亂地想用過去的做法解決目前的問題，就愈會引發領導不當或是管理過度的情況。

現在的組織，已難再由少數人帶領前進，而是必須由多數人分別在各自的崗位上發揮能力，否則就無法推動組織。換句話說，組織不再是由居上位者做出決定，然後命令或激勵部屬行動；而是得由每個人各自思考應該做些什麼，主動結合相關人等，以這樣的串聯行動推動整個組織。而且必須在環境發生變化之際，重新思考自己與組織的意義（Why），以自我約束方式採取行動。

正如我們的日常經驗告訴我們的，即使對擁有高度能力的個人給予適當的動機或任務，倘若成員之間無法順利磨合，也難以產生預期的成果。一個人在組織裡的成長過程，也受到「經歷過何種組織的工作」相當大的影響，究竟哪些是先天的？哪些是後天的？實有難以區別之處。人原本就擁有多種多樣的能力，而哪個能力能夠發揮多少，則是依據與周圍人們的串聯程度以及所處的環境而決定。

更不用說，如果要以「個人自動自發」的方式推動整個組織，那麼管理的焦點，就不再是針對每個個人，而是必須轉移到「如何組合人與人之間的交互作用」這種串聯式的管理上。過去那種把個人視為單一機能模組，用組合各種模組的方式推動組織的做法，已發揮到極限，因此引發出一開始提到的各種問題。

換句話說，未來將變得重要的，不再是原本「以個人的集合來推動組織」的這種結構式（系統）做法，而是「以各種人與人之交互作用的集合來定義組織」的串聯式（過程）做法。由以「個人」為中心的組織運作，轉變成以人與人之間的「串聯」為中心的組織運作——這就是本書將要介紹的「引導學」的基本概念。

2 促發參與式合作的引導學

促使群智相互激盪

若用一句話來概括引導學（Facilitation），則其指的是一種「促使團隊成員的智慧相互激盪的技巧」。

Facilitation的字根「facil」一字，在拉丁文裡意味著「easy」。因此，Facilitation這個字的英文原意，指的是「使其容易」「使其便利」或「使其順利」。因此引導的功能，就是對人類的活動提供支援，讓它變得更容易進行，讓事物更易於進展。

如同前面所提到的，身為社會性動物的人類，至今為止，都藉由與擁有同樣目的的人們攜手合作，以完成一個人無法成就之事。為此，人類創造了組織，透過被稱為「參與式合作」的智慧相互激盪方式，匯集各種知識，達成共同的目標。

而引導，就是在這樣的過程中，對以集團方式解決問題、激發創意、形成共識、進行教育學習、改革、自我表現與成長等所有知識創造活動，發揮支援與促進之作用。

說得更具體一點，所謂引導，指的是**「以中立的立場管理團隊活動的各個過程，引出團隊合作，對其提供支援，以讓團隊活動的成果達到最佳化」**（語出《卓越引導者手冊》，暫譯，原書名*The Facilitator Excellence Handbook*，法蘭・芮斯〔Fran Rees〕著）。而負責扮演該角色的人，便是引導者，日文亦稱其為「參與式合作促進者」或「共創支援者」。

引導的特點有二。其一，引導必須把活動的內容（Contents）完全交給團隊決定，只對抵達該內容途中的過程（Process）進行督導。如此一來，便能一方面主導活動的進行，一方面把成果的主體性留給團隊。

其二，是必須以中立的立場來支援活動。藉由這樣的方式，才能引出客觀且能獲得眾人高度信服的成果。這兩項特點同時存在，才能讓團隊開始對引導者產生信任感，也才能引發團隊的自律。

活躍於會議中的引導者

實際上，引導在做的究竟是些什麼樣的事情？讓筆者舉個具體實例供作參考。這個例子是要為各位說明，引導學在只要有組織活動，便必定會伴隨出現的「會議」中所扮演的角色（若讀完以下說明後還是未能產生具體概念者，不妨先跳讀第七章的案例）。

「會議」的原始目的，原本是為了進行高品質的決策，藉由讓不同的知識相互衝撞，以期產生出新意見與新思維。然而，實際上別說是知識創造，除了浪費時間之外沒有任何作用的會議，卻比比皆是。許多會議不但彼此無關的討論又臭又長，還會陷入周而復始、永無止境的無謂爭論之中。明明還沒搞清楚到底決定了些什麼、沒有決定些什麼，但工作本身卻自行如脫韁野馬般，繼續不斷地往前挺進。呈現出來的，正是一種「會而不議，議而不決，決而不行，不行又卸責」的情況。

引導者之所以出現，正是為了改變前述狀況，而對會議過程進行督導。引導者扮演的角色既不是領導者（決策者，亦即主席），也不是司儀。引導者的工作，由會議的場域營造——為了什麼目的（課題）、應該召集哪些人、進行什麼樣的議論——開始。然後再以這些為基礎，針對應該如何進行會議才能達到目的，與領導者研擬會議的過程。

一旦會議開始，就不是由主席，而是由引導者來引領整個會議的進行。引導者不插手會議中討論的內容（What），只對其過程（How）進行督導，引導整個團隊達到最佳成果。

話雖如此，引導者亦不是單純如司儀般的角色。他必須**創造出一個有效溝通的場域，串聯在場的所有人，進而引出團隊的力量，並整合每個人不同的思維。藉由培育在場成員主體性的方式，促成團隊產生優質的共識。**

萬一討論陷入對立，引導者必須扮演統合者的角色，讓每個人的主張都能正確地嵌合在一起。然後，直到找出能讓所有人都滿意的解答之前，致力引出眾人所有的智慧。用這樣的方式，促使問題獲得解決，提高協議內容的品質。

支援型領導與場域管理

把引導的功能拿來與過去的領導或管理相互對比，其間之差異，馬上就能一目瞭然（詳見【圖表1-1】）。

至今為止的領導者，向來對「內容」與「過程」兩方面都發揮強大的指導力。相對於

【圖表 1-1】領導、管理與引導之差異

	科層型		自律型
	領導	管理	引導
居上位者之任務	決定組織方向	建造用以達成目標的系統	建立場域（串聯），促發參與式合作
居下位者之任務	提高動機	完成被交付的任務	謀求以自我約束方式解決問題
帶動方式	目標、策略（What）	計畫、結構（How）	意義、關係（Why）
如何看待組織	金字塔型的決策連鎖		智慧之交互作用網絡
溝通方式	權威式、官僚式		民主式
組織系統	專制式、固定式		流動式
適用環境	需要進行大規模改變時	組織處於穩定狀態時	必須不斷進行調整時

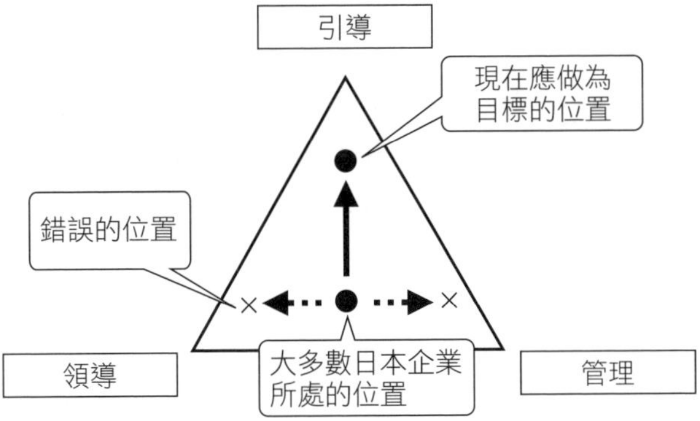

▶為了能夠立即因應瞬息萬變的環境，必須提高「引導」在組織運作中的比重

此，引導者則把內容交付給團隊成員，只對過程進行主導——換句話說，彷彿是隱身舞臺聚光燈之外的導演。不是強迫推銷自己的意見給眾人，而是把每位成員都培育成領導者，讓複數領導者經由共識，真正結合在一起。因此，引導者又被稱為是「支援型領導者」。

因此，在每個組織裡，支援型領導者並不限於一人。由組織代表人來擔任支援型領導者也可以，或是由代表人以外的其他人來擔任支援型領導者也沒有問題。最理想的方式，則是讓所有成員都成為支援型領導者，活躍在組織裡，做為組織的樞紐或核心，適時適所地相互交替，輪流發揮領導功能。

「組織真有辦法像這樣運作嗎？」閱讀至此，相信已有許多讀者心裡有所存疑。當然，組織要能夠運作，必須具備幾個條件。首先，組織的存在意義、目標與價值等大方向，已由成員所共有。第二，成員對環境具有正確認知，而且該認知在組織中呈現一致。第三，成員間必須具有高度的相互理解。只要備齊這三個條件，即使放手讓組織以自律的方式行動，組織也會自然而然地往統一的方向前進。

接著，讓我們再試著把引導拿來和以往型的管理相比。至今為止的管理模式，是以金字塔式（階層型）的科層組織為前提，把組織行為視為一連串決策連鎖發展而成。它的核心概念是一種結構式（因數分解型）的思維，也就是拆解組織的目標與功能將其分別複製或套用到各成員身上，或是堆砌各成員的特質與能力而架構出組織。

相對而言，引導是把組織活動視為人與人之間交互作用的集合，認為每個人的能力與發揮出來的功能，會依環境或周圍的人們而產生變化。因此，引導重視的不是個人（要素），而是讓每個人進行參與式合作的「場域」（串聯）。引導認為要運作一個複雜的組織，最有效率的方式就是配合環境變化，靈活地組合、調整成員或團隊所擁有的調控網絡。這樣的概念，其實亦包含了在生命科學或經濟學領域中逐漸受到矚目的、關於系統理論的典範轉移（Paradigm Shift）在內。

而像這樣，不是對人進行管理，而是對人與人之間的串聯進行管理的方式，稱為「場域管理」。而用來進行場域管理的實務技術，就是「引導學」。

不過，筆者在此仍必須提醒各位讀者注意：無論引導學再怎麼優秀，純粹只靠引導，並無法讓組織順利運作。身為組織中要角，必須兼備領導、管理與引導的技術（或是分別由不同人擔任不同角色），視組織的狀態與工作內容，善加調整運用。依情況的不同，強化其中某部分的比重，靈活地變動組織的運作方式。

一般認為，當組織的外在環境發生巨變時，便需要發揮較強大的領導力；組織處於穩定狀態時，要落實深入細部的管理；而在環境不斷變化的時期，則較適合運用引導技術。而現今，正是引導該發揮力量的時刻。過去那種太偏向於領導或管理的組織管理模式，已經到了必須大刀闊斧進行修正的時刻了！

以成為新型領導者為目標

基本上，「發揮引導能力的領導者或管理者」這種角色，與立基於一神教文化的歐美組織風格較不契合。舉例而言，歐美人心目中的領導者形象，較偏向英雄電影裡那種既陽剛又強悍的典型。而歐美國家對領導統御進行的研究，向來也是以針對歷史上符合該種形象的英雄式領導者做分析。

然而，文化基礎為多神教的日本，與重視人與人之間串聯的支援型領導這種概念，可說非常契合。畢竟，古代日本被認為是個眾神經由合議制決議所創造出來的國家；以歷史而言，除了織田信長之外，幾乎找不到那種歐美型風格的領導者。像是明治維新這樣的大規模改革，竟然是在沒有明確指導者的情況下完成（以明治維新而言，當時是由吉田松陰擔任典型的支援型領導者角色）。日本就是一個如此不可思議的國家。

話雖如此，但如今我們要尋求的領導者，與過去那種端坐在由部屬扛起的神轎裡的日本式領導者，完全不同。因為真正的支援型領導者並不是以自身的權威來整合意見，而是尊重成員的「多樣性」，由各種不同的意見去尋求創造性的解決問題方式。其中，亦兼具了藉由議論而建立出共識的「開放性」特質。若日本能善用原本便擅長的「和魂洋才」精神（譯注：日本近代化之中心概念，亦即調和日本與西洋的優點，一方面重視日本自古傳承至今的精神，一方面引進西洋的文明與技術），跨越「多樣性」與「開放性」這兩個挑戰，那麼日本便有很大的機會，成為支援型領導的先進國家。

支援型領導或場域管理，雖然在包括非營利組織（NPO，Non-profit Organization）在內的志工組織等機構中已逐漸普及，但在企業組織裡，仍未受到太大重視。那是因為日本的企業，過去一直抱持「賦權個人讓他們自律，這與組織全體的整合將相互衝突」的成見。但引導學的精髓，正是讓這兩者同時成立。也因為這樣，引導學才會被稱為是二十一世紀全球資訊化社會中，最適合「具有多元化背景的團隊成員以自律精神進行參與式合作」的技術。

3 引導帶給團隊的三大效益

這一節裡筆者將為各位介紹，引導能為團隊帶來的效益。引導的效益，主要可分為三大點。

提高學習速度

第一，正如「促進」這兩個字所示，引導能縮短達到成果所需的時間。透過引導，能讓我們在盡可能短的時間內，引出團隊能夠產出的最佳成果（詳見【圖表1-2】）。

在商業世界裡，速度將決定企業競爭之勝負，此事已無庸贅言。面對不斷快速變化的環境，如何在最短的時間內，匯集組織中累積的知識並孕育出新的智慧，正是競爭力最大的泉源。任何一個組織，都必須具備有效率地發現、共享、創造並運用知識之技術。

況且，在現今這個不確定的年代中，環境將如何變化已難以預測，沒有時間讓大家坐下

【圖表1-2】引導能提高學習速度

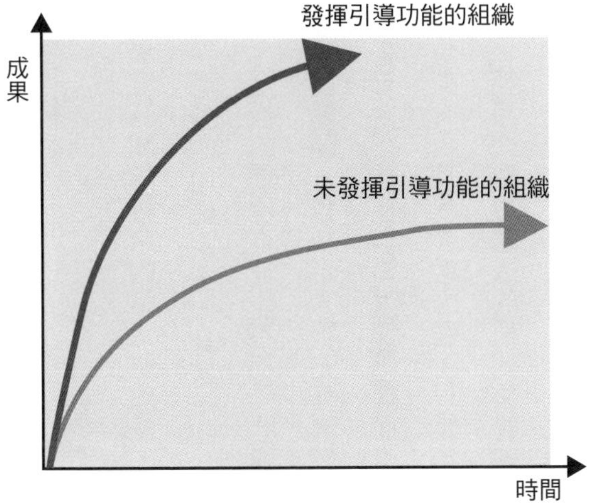

▶引導能夠大幅提高團隊效率，縮短獲得成果所需的時間

來慢慢研究「什麼是正確答案？」。因為當你花太多時間在思考時，環境已再度產生變化；而當你終於要執行討論結果時，環境又再度變化。換句話說，「慢慢思考」這件事，本身就是一個相當大的風險。

與其花費長時間去緩慢思考，真正更聰明的做法，則是敏銳地感受變化、迅速因應，並快速地將其結果回饋至組織之中。今後組織的競爭優勢，不在其他，正是建立在讓自己配合環境變化而改變的速度（亦即學習速度）之上。

面對未來，想要成為競爭中的勝

利者，唯一的方式是在組織中好好建立起自我學習的機制，並盡可能加速學習的循環。為了達到這個目標，導入引導技術的企業正在不斷增加。

讓團隊發揮綜效

引導學能為團隊帶來的第二個效益，是促使團隊發揮綜效。

在金字塔型的組織當中，身處不同部門的人們，其知識必須仰賴組織結構（居上位者）進行傳遞。這樣的環境本身便不利於綜效的發揮，因為部門之間大都壁壘分明，即便組織的某處擁有高度知識，也多半未被充分活用。為了彌補這個缺點，以專案為代表的「網絡式組織」（Network Organization）便應運而生。之所以設計出這樣的組織形態，便是為了跨部門地集合多位擁有各種專業能力者，以匯集彼此的知識。

但是，如果想要以過去的模式來管理這種自律型的活動，將陷入主事者不斷在人與人之間來回奔走、調整意見的窘境。愈想插手管理，愈是引發成員各說各話；光要形成共識，幾乎就是一項不可能的任務。結果，最後若不是做出一個平均綜合所有意見的妥協方案，就是由領導者強勢決定某項提案，實在難以產生任何綜效。

若要讓團隊能夠發揮綜效，最理想的方式，就是建立一個讓想法各異的人們都能夠彼此安心、自由地交換意見的場域。讓每個團隊成員能在那個場域中，以將心比心的方式理解彼此想法，讓不同的知識與文化在裡面撞擊磨合。如此一來，發揮團隊優勢的嶄新思維或深度學習，才能夠真正地出現。

為了達成這個目的，還有一件必須做的重要之事，就是支持擁有全新思維或意見與其他人不同的少數派人士，留意別讓這些人的意見被多數派的洪流所淹沒。而當成員間的概念框架相互撞擊產生對立時，更必須以此為契機，深化相互的理解，將情況導向創造性的共識。建立出像這樣的高水準場域，才是引導真正的精髓。

培育成員的自我約束力

引導的第三個效益，便是培育成員的自我約束力，活化每一位個人的自律精神。

當團隊開始朝某個目標展開行動時，決定其結果是成是敗的主要因素，大致可分為兩項：一是團隊所採行的該策略優劣與否，二是成員對於該策略的接納程度。

這種時候最理想的狀態，就是擁有優秀策略，而且成員間對該策略的接納程度又高。但

【圖表1-3】引導技術引導團隊走向自律型成功

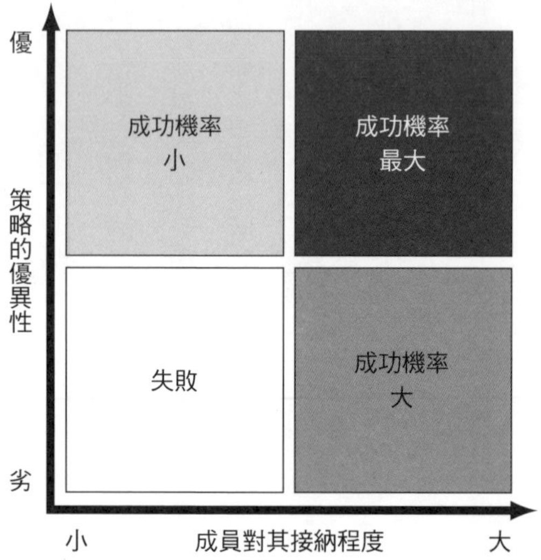

▶無論是多優異的策略，若未能伴隨執行力，便不會有成功之日。而執行力，正深受成員對該策略的接納程度所左右

令人意外的是，相對於策略優異但成員對其接納程度低的情況來說，策略也許不甚高明但成員對其接納程度高的情況，成功的機率還比較大（詳見【圖表1-3】）。這是因為真正決定成果的，往往並非決策品質，而是執行力；而成員能否全力以赴、認真投入課題，便決定執行到位與否。

在組織中工作的大多數人，都希望能發揮自己的能力；而對負責管理組織的人而言，其心亦同。不過，組織管理在「整體利益優先」的大前提下，無論如何，都難以避免朝向「壓抑個人的自我約束力」的方向發展。

如此一來，個人的封閉感將不斷增加，變得無法再對組織的問題感同身受，也無心投入活動。有些人會開始混水摸魚，有些人則會把錯誤推到別人身上，有些人則完全抱持一副旁觀者的心態。若情況更嚴重，人們甚至會消極到既然「多做多錯，少做少做」，乾脆「不做不錯」的地步，硬把責任全都往別人身上推。

人要在自己當家作主的情況下，才能發揮出真正的實力。自我約束，才是真正活化個體的原點。而只要個體能夠活化、每個人都能自律，整個組織也一定能變得充滿活力。

唯一能夠提高自我約束力的方法，就是讓每個人決定自己該做的事，並親自動手實現。正如同日本一句諺語：「沒有親身參與，就不會有決心」所說的一樣，只要是自己決定的事，不論是誰都會拚了命去做。讓大家參與組織的決策過程，是最適合用來提高每個人工作參與度的辦法。

結果，若能因此達成目標，成員們將能享受到以團隊方式完成任務的甜美滋味，除了成就感之外，還能獲得自己親手打開人生之路的「勝任感」，以及受到夥伴肯定的「獲得認可的喜悅」。對組織的歸屬感也將變得更強，並成為鼓勵自己前進的更大激勵因素。

【中場小歇】

「參與式合作」遊戲1

①把所有在場人員分成三至五人一組。
②每人拿一張約明信片大小的卡片，各自將它任意裁切成五片。
③每組選定一人為組長，組長收齊所有組員的紙片後，將它們均勻混合，再平均發給包括自己在內的每個人。
④在主持人下達開始指令後，每個人彼此交換紙片，將它們重新拼回原本的卡片。但請注意，禁止擅自動手拿別人的紙片，也不准開口或以眼神打暗號向別人要紙片。大眾能做的事情，僅限於「把自己的紙片給別人」。
⑤遊戲結束後，組員們一起回顧整個過程，討論應該怎麼做才能做得更好。
⑥討論完畢後，再重新挑戰一次這個遊戲，努力試試看第二次能比第一次縮短多少時間。

出處：《培育人與組織的溝通訓練》（暫譯，原書名《人と組織を育てるコミュニケーショントレーニング》），諏訪茂樹著，日本經團連出版

第二章

應用層面愈來愈廣的引導學

1 引導學的發展歷程

引導學的發展史

引導學的出現，源於好幾個不同的歷程。在此，筆者先為各位簡單介紹它的歷史。

在與本書內容有高度相關的領域方面，首先有個發展歷程是來自於「體驗學習」。一九六〇年代，美國誕生了一種稱為「會心團體」（Encounter Group）的技巧，它是藉由群體的體驗以促進學習的方式。當時，負責起頭並帶動組員或整個小組成長的人，便被稱為「引導者」。這種模式，做為體驗學習或教育相關的引導技術，一直延續至今。

幾乎是在同一時期，研習會（Workshop，又譯為工作坊）與引導技術開始被視為討論社區問題的一種技巧，在美國的共同社會發展中心（CDC，Community Development Center）被系統化。這種形態，後來應用在市民參與型的社區營造活動。

至於引導技術在商業領域上的應用，則在略晚的一九七〇年代左右，仍是由美國開始發展。當時，為了讓會議進行得更有效率，才開發出引導技術，最終則被稱為「合力促進」（Workout），由結合了各部門、各階層經驗及智慧的團隊來進行現場主導的業務改革技巧。如今，引導學已被公認為一種專業技能，在重要的會議裡安排引導者在場，已不再是罕見之事。而最近，大眾的矚目焦點則又漸漸移到支援型領導者上。

上述這些風潮，沒多久也相繼傳入日本，在不同的領域中分別被研究與應用。其中也有像是東京都世田谷區的社區營造活動那樣，由日本獨自完成引導技術進化的例子。在商業領域方面，過去品質管理活動的負責人所做的工作，其實正可稱得上是一種引導。然而，引導學在日本並未被認知為一項專業技能，長久以來，除了一小部分外資企業以外，甚至沒多少人聽過「引導學」這個名詞。

進入二十一世紀之後，引導學總算在商業世界裡也開始受到矚目，書店裡也慢慢可見到店頭擺放著關於引導學的書籍。學術領域也留意起這門學問，大學研究所開始開設專門研究引導學的講座。「引導學」這個名詞在諸多不同領域被廣泛使用的時代，終於到來。

引導學的六種類型

引導學的應用領域，大致可用兩個座標軸來進行分類（詳見【圖表2-1】）。其中一個座標軸，是針對其所求的成果，究竟是像解決問題或形成共識等「可由外部所見的具體成果」，還是學習或成長等「內部成果」這方面的差異進行分類。

第二個座標軸，則主要是針對其所求的成果究竟是「組織或社會」，還是「個人」這方面的差異進行分類。

以這兩個座標軸進行綜合分類的結果，一共可區分出：①**解決問題型**；②**形成共識型**；③**教育研習型**；④**體驗學習型**；⑤**自我表現型**；⑥**自我改變型**等六種類型。當然，亦會有橫跨複數類型的情況，並非所有情形都能像這樣明確地劃分類型。也會有像心理學家阿諾・明戴爾（Arnold Mindell）的「世界工作理論」（Worldwork）那樣，整合了從個人學習到社會變革所有類型在內的概念存在。

以上這些分類，與引導技術最能發揮效果的場域——「研習會」的分類方式，呈現出完全一致的情況。所謂的研習會，是一種由背景多樣化的人們為主體參與，透過彼此間的交互

【圖表2-1】引導學的六大應用領域

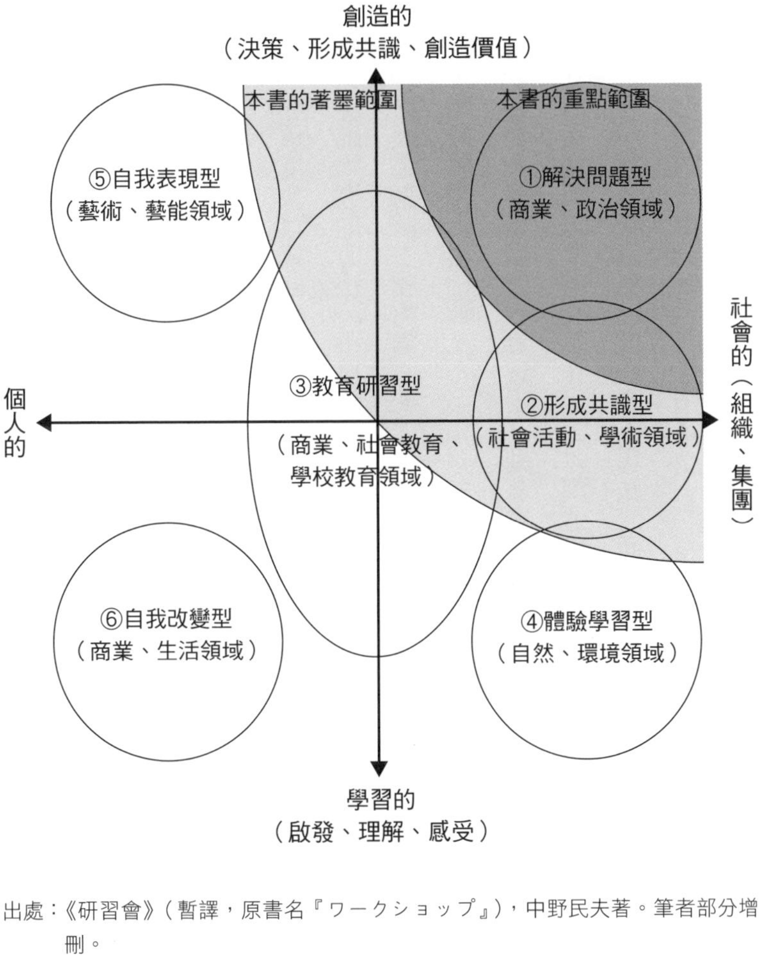

出處：《研習會》（暫譯，原書名『ワークショップ』），中野民夫著。筆者部分增刪。

▶ 上述六種類型僅是權宜式的分類，實際上亦常見到橫跨複數類型之情況作用，產生出全新的創造或學習的方法。時至今日，研習會已經被普遍運用在從商業領域到自我改變等各式各樣的領域，與引導學再也難以切割。

本書內容，將以商業活動本身的①**解決問題型**引導為中心，再輔以較為相關的②**形成共識型**及③**教育研習型**，為各位進行解說。由於①②③這三種類型會在接下來的篇章中專文詳述，故在此先針對④**體驗學習型**；⑤**自我表現型**；⑥**自我改變型**做些簡單的介紹。

常被運用在環境教育或自然教育等領域的④**體驗學習型**引導技術，是一種透過與他人共享相同體驗以促進學習的方法。不單是教授知識，要求參加者用大腦去理解，而是藉由每個人自己的感受，喚起對該主題的關心。引導者在這裡面所負責的任務，是提高參加者的興趣與交互作用，將體驗轉化為行動。

另一方面⑤**自我表現型**的引導技術，則著重於表演或美術等藝術活動領域，促發成員彼此之間或表演者與觀眾之間的交互作用，以創造出新的作品。而由「引出成員能力」這個角度觀之，像是從受訪者身上引出內心真正想法的面談技術，或是喜劇演員從表演夥伴身上誘導出即興表演的能力，也許亦為其應用之一。

此外，⑥**自我改變型**的引導技術，則是為了提高個人境界，促發當事人的自我成長、改變、療癒或發現。引導者於其中扮演的功能，是透過活化成員間的彼此關係，讓潛藏在個人內在的能力或可能性因此覺醒。

2 運用領域無限寬廣的引導學

在所有商業活動上發揮解決問題之效

①解決問題型的引導技術最能發揮功效之處，無論如何，都是在商業活動上。由目標或策略的制定，到產品開發或人才開發等等，任何你想得到的場合，都能運用到引導學（詳見【圖表2-2】）。若以部門而言，它可運用在經營企劃部、人事部、研發部、生產管理部、業務部、品質管理部、資訊部、業務部等各種不同的領域。

其中，目前運用引導技術最多的領域，就是會議或研習會。如同筆者已在前面說明過的，引導技術能解決許多會議上面臨到的問題，所以許多公司積極引進引導學，做為會議管理的一種手法。而且引導學的運用還不僅限於公司內部的會議而已，像是負責業務或研發的同仁直接到顧客處進行洽談，一邊引出其真正需求，一邊一起想辦法解決等等，其於公司外

【圖表2-2】引導在商業層面的應用領域

目的	範例
制定願景或任務	制定經營願景、專案任務或部門任務
制定策略或事業計畫	制定經營策略、事業策略或中長期經營計畫
改善業務流程	組織改造、業務改革、會議改革、其他改善活動
團隊建立	活化團隊、接納新領導者
創意思維	新產品研發、削減成本、制定行銷策略
原因分析	調查意外、解決問題、改善品質、改善生產力
風險分析與管理	法令遵循、損益管理、新事業開發、決策
業務與企劃	提案型推銷、諮詢式推銷
人事相關	人事評核、目標管理、進度管理
教育訓練與研習	提升技能、領導力開發、集團學習

出處：〈日本引導者協會　東京研究會資料〉（暫譯，原名〈日本ファシリテーション協会　東京研究会資料〉），森時彥著。筆者部分增刪。

▶除了使用的工具或過程依目的或範例有所不同之外，進行方式基本上均幾乎相同

部的運用，也日漸增加。

而在研習會方面，最近商業領域裡導入研習會的機會亦開始增加。比方說，為了提高成員對達成目標的企圖心或當事人參與感，而採用研習會方式擬定組織目標；或是透過對話強化團隊的共同意識與相互理解，以挖掘出各自的問題點與可能性等等。在這些方面的運用，也經常在職場以外的地方藉著外地研習的方式進

行；而由外部招聘引導者前來主持的情況，亦時有所聞。

而應用案例次多的領域，當屬引導學在持續型專案活動中的運用。尤其在以跨部門團隊推動大規模組織改造或進行系統開發之際，依引導技術的優劣，最終產出的成果會受到相當大的左右。無庸置疑，引導能力未來將被視為專案領導人的必備能力；而因應這樣的趨勢，開始推行大規模引導教育的企業，亦已出現。

引導學甚至對於活化企業的人才，都能發揮強大功效。在從過去到現在的金字塔型組織裡，無名英雄能獲得的掌聲不大，想要出人頭地，唯一的路就是當上握有實權的領導者（管理者）。但是實際上，行事低調卻又滿懷熱忱、希望默默地為組織貢獻一己之力的職場工作者，出乎意料地為數眾多。引導學能為這樣的人們，帶來一個全新的工作價值。

舉例來說，雖然對業務擁有豐富知識、但卻未有決策權的小組長級員工，就是擔任引導者的不二人選。在此運用引導技術，除了能引出現場的智慧之外，還有一項非常大的功效，就是為看似多餘的中高齡員工帶來新的工作價值。而在工作現場磨練出來的引導能力，在退休後參與社群活動時，亦能發揮相當大的用處，因此，這實在是一箭雙雕之舉！

以引導學改變組織

在商業領域的運用上現在最受到矚目的，就是組織改造的引導學。這不但是支援型領導的實踐，也是愈來愈常有機會聽到「透過引導讓組織再生」的案例。

有個案例是發生在一家機械製造廠，由一位中階主管挺身而出，說服高層開始進行一項企業改造的專案。經過半年間鍥而不捨的引導，成功地引出了現場的幹勁，讓該公司已經連續低迷了十年的業績，呈現出驚人的逆轉。

又如有一家銀行的新任分行經理，為原本業績與士氣都相當低落的組織帶來新的願景，透過不斷的對話與研習會，激勵了大家的自我成長。這位分行經理，就這樣把該分行的業績引領到全國所有分行中第一流的等級，創造出一家充滿活力的分行。

還有一家行銷企劃公司的總經理，自己擔任起支援型領導者的角色，發起改革運動，要把公司改造成一個社群型組織。經過一番努力之後，他成功地塑造出一個能讓個人發揮最大能力，又能不斷提升整體組織表現的「學習型組織」，也讓業績呈現穩定成長。

聽到這些案例，不禁讓人感到支援型領導也已開始在商業領域裡發芽茁壯。在這同時，亦有一套企業改造理論正在逐漸成形，那就是以公司最高主管的強力指揮為起點、用引導技術引出團隊的潛在力量後，再交由管理人員將其落實於執行之中。像這類針對系統性組織改造手法的研究仍在進行，而引導在其中究竟能發揮什麼樣的功能，則期待今後的研究成果能告訴我們。

運用在社區營造上的形成共識型引導

在都市計畫或區域設計等總稱為「社區營造」的這類領域裡，運用得相當頻繁的是②**形成共識型**的引導技術（亦即「參與式合作的引導技術」）。所謂的社區營造，必須由居民把針對自己生活、居住的社區之各式各樣想法彙整成一個共同目標，是一項需要無比耐心與毅力的行動。

與解決問題型引導的最大差異在於，形成共識型引導所產生的結果，並無所謂的正確答案。由於不存在能用來評量成果好壞的標準，所以引導者的任務，就成為如何盡可能提高共識的品質，以及增加眾人對該共識的接受度——重要的不再是結論，而是直到抵達結論為止的過程。

在形成共識型的引導裡，由於利害關係或價值觀相異而導致討論陷入嚴重的對立，是家常便飯之事。除此之外，也常會發生難以決定成果和成員滿意度之間的平衡點應該定在哪裡的問題。為了讓成員的滿意度總和達到極大化、求取最大多數人的最大幸福，即使面對前述情況，仍必須有耐心、有毅力地持續進行對話、溝通。

形成共識型的引導技術在今後最受到矚目的運用領域，是在NPO的活動上。現今的世界，包括日本在內，有著數量龐大的NPO在進行著各種活動。這些NPO種類繁多，有些是靠會長本人的毅力和努力來帶領的小規模機構，有些則是不遜於企業的大型組織。而其中有許多NPO也和企業一樣，深受組織管理的問題所困擾。

像NPO這種「成員是由自己主動自發的意志集合而來」的組織，是最適合發揮支援型領導的舞台。由於獨裁型領導或是官僚式管理都無法發揮功能，若是沒有引導技術，則組織根本無法整合。正因為強制力發揮不了作用，除了引出團隊的自我約束力外，再無其他辦法可言。

針對NPO領導階層的引導學教育，未來勢必會愈來愈重要。在此同時，於企業中習得引導技術者，藉由參與NPO活動來活用自己能力的機會也愈來愈多。引導學，正逐漸化身為連結企業與社會的接點。

培育下個世代的社會領導者

③**教育研習型**的引導，則被廣泛運用在社會教育、學校教育、企業研習、家庭教育等各類型的教育活動裡。其中最近較受到矚目的，便是在學校教育領域的運用。

如同筆者已在前面提過的，教師在現今社會中的定位，正面臨一個相當大的轉變。教師變得不再只是單純負責傳授知識，更被要求要引出學生的思考力及學習力，促使他們自發主動地學習。日本教育部為此而推動「寬鬆教育（新的學習觀）」指導綱領（譯注：講求縮短學習時間與內容、重視快樂學習，並且標榜注重體驗與經驗的寬鬆教育，與重視知識的填鴨式教育相較，兩者截然不同。），亦把教師定位為「對學生的學習提供協助的人」，也就是將重點改為放在教師做為引導者的功能上。

如此一來，光靠手法或技術並無法處理一切，教師與學生之間以及學生與學生之間的關係，才是最重要的。此時所需要的，是在「個體」之間相互碰撞激盪中，引出個人對事物之洞察的全方位人格型引導。這個情況與上司和部屬關係等團隊活動相通，因此，對職場工作者而言，也是個相當吸引人的主題。

而教育研習型的引導中最受到注目的一項，是一九八〇年代末期誕生於美國的「包容式領導」（Inclusive Leadership）運動。

過去的領導教育，目的是把少數精英培育為下個世代的社會領導者。然而到了二十一世紀，這樣的觀念已有所改變。如今我們希望培育出的領導者，是能夠廣為動員擁有各種想法的人們、讓每個人主動擔負社會責任的總體型領導者。由於這個概念著眼於將各種不同思維與背景的多元化人類全部包含在一起，因此命名為「包容式領導」。

包容式領導中尊重多樣性、促進個體領導、涵養參與式合作的精神以及對過程的重視等基本概念，與商業領域上的支援型領導完全相同。包容式領導雖也同樣未能獲得大多數人理解，但若它能由學校擴及到企業、由地區擴及到政府，最後終究擴及到整個社會的話，想必能成為改變社會的一大運動。

3 引導者必備的技術

運用於引導中的四大核心能力

一位引導者必須具備的技巧，範圍相當廣泛，也依實際運用的領域而有所不同。以實務技術而言，大抵可分成「溝通（對人）技巧」與「思考（邏輯）技巧」兩大類。本書內容則以運用於企業活動中的會議引導或專案引導為中心，依照進行的不同階段，為各位介紹四大基本技巧（詳見【圖表2-3】）。

①場域營造的技巧——創造場域、串聯人們

活動的目的是什麼？應該召集哪些人？應該用什麼方式進行討論？真正的引導，從「創造出一個智慧的交互作用場域」就已經開始了。單單只是把一堆人湊在一起，並不能因此就

【圖表2-3】解決問題型引導必備的四大技巧

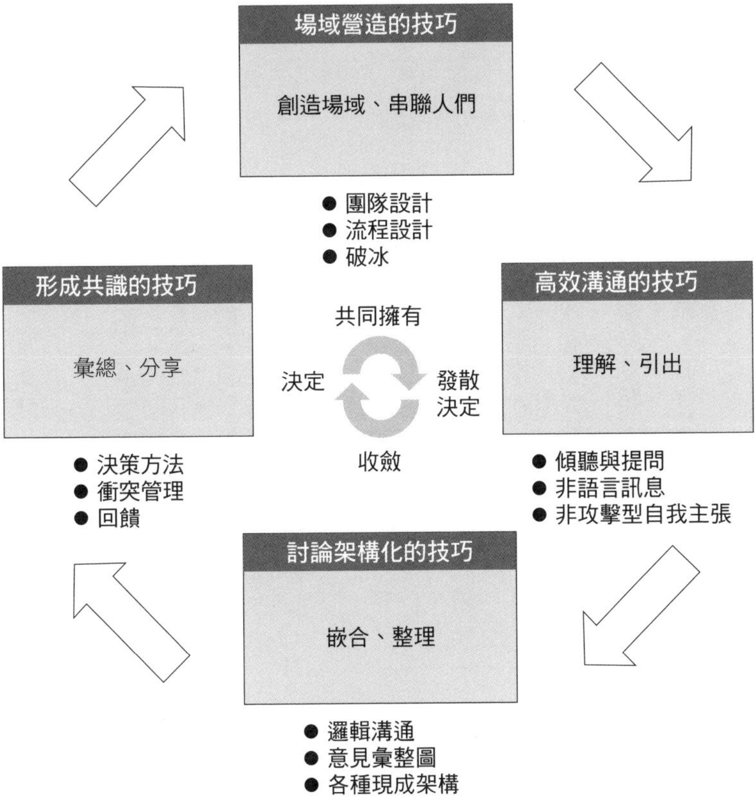

▶雖然所需要的最重要技巧會隨著活動進行的階段而改變，但基本上，隨時都需要以上這四種技巧

成為一個團隊。從讓成員擁有共同目標，到喚起成員參與式合作的欲望，「團隊建立」的成敗，將左右其後所有活動的成果。

此外，活動的流程設計亦相當重要，包括「解決問題的流程」或是「體驗學習的流程」等，其基本模式有數種。引導者必須以這些基本流程為基礎，依活動目的以及團隊狀況，逐一選出所需的各個活動項目，並將這些活動項目組合起來。可惜的是，目前各種活動項目仍未被充分系統化，導致流程設計仍是必須仰賴引導者個人的經驗與知識來進行。

②高效溝通的技巧——理解與引出

一旦活動開始進行，就進入讓成員自由說出彼此想法、引出各種假說（hypothesis）、強化成員的團隊意識與相互理解的階段。以解決問題而言，這便是**展開**（發散）的步驟。

這個時候，引導者必須在確實理解各項訊息的同時，引出隱藏在其背後的真正意涵，或埋藏在心底的真正想法。這個階段具體上較需要的，是傾聽、複誦、提問、主張、解讀非語言訊息等屬於溝通技巧（右腦類、ＥＱ類）。

③討論架構化的技巧——嵌合與整理

完成展開階段之後，接下來就進入**歸納**（收斂）的步驟。這個階段的任務，是讓討論的內容依照邏輯好好相互嵌合，整理出討論的全貌，讓論點浮現。大多數的情況下，這時候會使用一種叫做「**意見彙整圖**」（Facilitation Graphic）的工具，以可視化的圖解方式去彙總討論的內容，讓它更加容易為人所瞭解。

到了這個階段，較需要的是以邏輯思考為首的各種思考技巧（左腦類、IQ類）。引導者也必須盡可能將更多結構化的工具記在腦中，依討論進行的狀況，靈活地拋出最適合的手法。

④形成共識的技巧——彙總與分享

當論點歸納到某種程度時，便須開始總結各方意見，以求導出創造性（創意）的共識。以解決問題而言，這便是「決策」的階段。

大多數情況下，在這個階段會產生很多衝突、對立與糾葛。要整合眾人意見，不是件簡單之事。引導者必須擁有衝突管理的技巧。這個階段，是試煉一位引導者實力的最大難關。

一旦達成共識，便應該對活動做個總回顧，確認個人與組織的學習狀況，以便做為下次活動的參考。此時，讓體驗化為學習、學習化為行動的技術，便非常重要。

實務上，前述所有流程有可能在二到三小時的會議中執行一輪，也可能在兩天一夜的研習會中進行。而在歷時較久的專案裡，則通常會執行好幾輪這樣的流程，一步步朝著目標往前推進。

多樣的經驗幫助引導者更上層樓

前述內容，只不過是以商業活動為中心的「解決問題型引導」所需之技巧。即使同樣是引導，但依【圖表2-1】所示的各種類型不同，所需的技巧也完全不同。面對愈是偏向成果導向、組織導向的情況時，愈是需要以管理學為基礎，邏輯化、系統化的「外顯知識」（譯注：Explicit Knowledge，又稱「形式知」，是指能以文字、數據、圖表等方式表達、說明並傳授的知識）型技術；而當面對愈是偏向學習導向、個人導向的情況時，則會愈走入以心理學為基礎的直覺式、屬人的「內隱知識」（譯注：Tacit Knowledge，又稱「暗默知」，是指那些相對於外顯知識而言，只可意會、難以言傳之知識）之領域（詳見【圖表2-4】）。

此外，相對於商業活動主要只在處理獲利或損失的這種「功利問題」，社會活動則又加進了善惡面的「規範問題」，以及好惡面的「偏好問題」。光是這些情況，就足以讓解決問題這件事變得更加複雜，而引導者所需具備的技術等級的難度也得大幅提高。不過話說回來，規範問題或偏好問題當然也包含在商業活動之中，而且隨著組織與人的關係變化，其重要性也愈來愈高。

再者，引導學是為了引導成員以主動自律的自我約束力達成目標，因此，在像是NPO或志工活動這般「成員以自發主動的意願集合而成立」的組織中，才最能發揮其真正價值。如果考量到這個情況，則一個人在社會活動中累積的引導經驗，也能在商業領域發揮巨大功效。

另外還有一點需要特別強調的是，常常會有人誤以為引導是僅限一部分專家才擁有的技巧。其實，**引導是現代社會中人人必備的溝通與思考技巧之一，對於生活中隨時都與組織有所關聯的現代人而言，引導是每個人都必須擁有的技能**。身為團隊成員者有其需要的技巧，身為領導者有其需要的技巧。只是一部分技術能力出類拔萃的人，能以專業引導者的身分進

【圖表2-4】六種引導類型所需技巧的差異

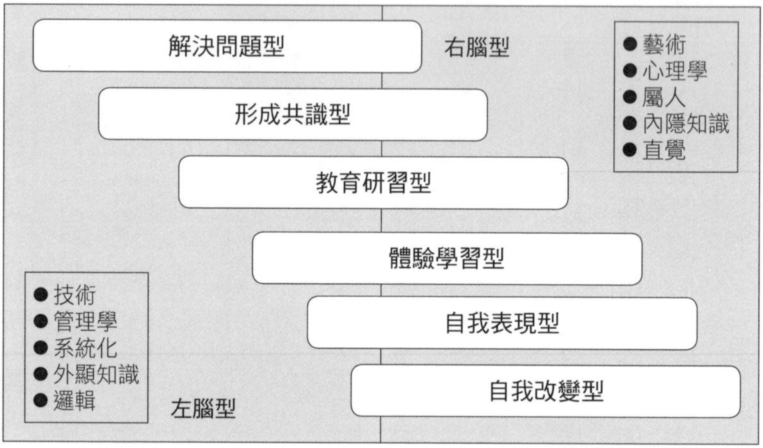

▶所需技巧依類型不同而在比重上有所差異，但無論任何引導，都須用到右腦型及左腦型雙方面的技巧

	組員	領導者	專業人士（引導者）
會議	難度低		
專案（團隊）			
組織全體			難度高

▶引導是每個人都必須擁有的社會技術之一，只是依活動和角色的不同，所需要的能力水準各有所偏

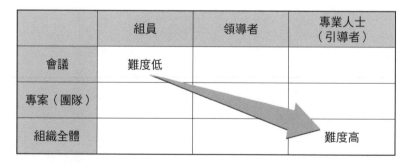

行各種活動，如此而已。

說得更詳細點，組織的規模愈大、團隊成員愈多樣、活動的期間愈長，引導的困難度就愈高。以商業領域為例，「專案」的難度就高於「會議」，而像「組織改造」那種牽涉到整體組織的引導，更是難上加難。而社會改革的引導，恐怕是引導的極致。引導技術的精進，並無終點可言，只要領域或難度改變，一定又會出現需要再學習之事物。

【中場小歇】

「參與式合作」遊戲2

①把所有在場人員分成十至二十人一組，大家手牽手圍成一個圓圈。圍好圓圈之後，閉上眼睛，等待引導者的指示。

②引導者向大家指示：「絕對不可張開眼睛，所有人把圓圈變成正方形。」但組員可以出聲講話。覺得已經完成任務的組，就出聲告訴引導者。引導者記錄每一組完成任務的時間，比比看哪一組最快。

③做成正方形後，接下來把形狀改成正三角形、等腰三角形、長方形……等等，同樣比比看哪一組最快完成。

④玩完一輪之後，各組對遊戲過程進行回顧，針對溝通是否適當、領導與跟隨情形、主動參與程度等方面進行討論。

（出處：日本引導者協會網站：http://www.faj.or.jp/）

第三章

場域營造的技巧

——創造場域、串聯人們

1 設計團隊活動的場域

場域設計的五大要素

單是把一群人湊在一起，並不能就此解決問題。要獲得完善的成果，必須打造出一個高水準的場域，預先做好安排，讓團隊的力量能發揮到最大的極限。引導者身為解決問題活動的「引水人」，第一步必須著手進行的工作，就是團隊活動設計，而這也是左右整個活動成敗的重要步驟。

若談到研習會裡的「場域設計」，即意味著從會場選定、桌椅配置，一直到包括團隊情緒醞釀等全面型空間設計。而在本書裡，筆者則將前述物理型空間，再加上眾多彼此互異的人們一邊共享知識、一邊創造出全新成果的知覺型空間，合稱為「場域」，對該場域的設計進行說明。

具體上，「場域設計」意味著由建立團隊到設計活動流程的整個活動架構設計。實際進行時，這些作業都會由引導者與領導者或客戶經過討論溝通後逐一決定。

①目的

組織要有目的，才能真正發揮身為組織的功能。我們常說，「共同目的」與「參與式合作欲望」和「溝通」，並列為組織的三要素。那麼，到底什麼是目的？目的指的是「團隊究竟為了達成什麼而活動？」的「方向性」。所以對組織或專案而言，目的相當於「使命」（Mission）；而以會議或研習會來說，目的則相當於「宗旨」。

所謂的目的，正是「我們究竟為了什麼而活動？」「我們究竟為了什麼要集合在一起？」的所謂「活動的意義」。如果團隊成員無法徹底理解那份意義，活動將難以進展，也無法有效發揮團隊的力量。

但是很令人意外的，這件重要的事卻常被人忽視，或是雖有卻含糊不清，成為許多專案之所以發生問題的根本原因。因此在建立組織之際，除了要思考如何讓目的明確之外，也必須考量應該用什麼方法，才能讓所有成員都徹底瞭解它，並讓它滲透進大家的思維之中。

②目標

目的是具體明確地指出一個方向。但光是知道該朝哪個方向跑，還是無法讓人具體瞭解「該跑到哪裡為止」。所以接下來必須要設定的，就是我們希望到達的終點——也就是「目標」。若以組織或專案而言，這便相當於「願景」（Vision）；而對會議或研習會來說，則相當於「議題」（Agenda）。

目標並不限於一個，存在複數目標亦不會有任何問題。重要的是，要具體表達清楚，讓成員能容易瞭解終點或成果是什麼，不至於產生扭曲與誤解。

舉例而言，如果目標是「想出新事業的構想」，那就應該設定出明確的水準，像是「想出一個營收能在幾年內達到多少億元的事業構想」。除了清楚明確之外，它還能成為活動結束後進行回顧時的判斷標準。而如果目標是做出一份報告或行動計畫，就至少該把目錄或大綱準備好，讓大家知道究竟要做出什麼樣的內容。

而當追求的成果是屬於學習等內隱層面的成果時，則應該事先讓大家瞭解當發生如預期般的結果時，會是什麼樣的情況。像是「大家都會感到〇〇般的心情」，或是「整個團隊會△△」等等。

③規範

只要是組織，一定存在著各種規範。比方說，企業或團體會有所謂的「行動準則」。而這些規範不僅代表著組織的價值標準，同時亦成為用來解釋成員言行意義的共通尺度。

而在進行團隊活動之際，若是能有一個「適用在這個團隊裡的行為準則」，會較為理想。話雖如此，但想在一個才剛編成的團隊裡，要求所有成員立刻擁有共同的價值觀，無異是緣木求魚。因此比較實際可行的做法，是就普遍性的社會價值標準——像是「尊重多元意見」「以開放的態度進行活動」等等——中，選出幾項特別想要強調者，做為該團隊的行為準則。

除此之外，筆者還建議在進行團隊活動之際，必須訂出「團隊基本規則」（Ground Rules），用來做為進行溝通與資訊共享時之準則。這個團隊基本規則除了能協助討論順利進行之外，也是萬一有人妨礙討論進行時的處理準則。引導者除了必須遵守團隊基本規則外，同時亦扮演著監督者的角色。而訂定規則時，與其使用一些太過抽象的文字，還不如用像是「有人發言時請仔細聆聽」「拋下職銜與立場」等具體的表現方式，運用起來會更加容易（詳見【圖表3-1】）。

【圖表3-1】場域營造的團隊基本規則示例

本研習會十大規則

① 沒有不可碰觸的禁忌	⑥ 仔細聆聽別人說話
② 沒有派系之分	⑦ 絕不放棄
③ 不攻擊別人	⑧ 放下成見
④ 拋下職銜與立場	⑨ 不逞強、不虛張聲勢
⑤ 不吐苦水、不抱怨	⑩ 在快樂的氣氛中進行討論

▶最理想的做法，是由所有團隊成員一同確認過各項團隊基本規則的意義後，將它張貼在會場中明顯的位置

④流程

所謂的流程，是為了到達目標必須走過的步驟（Roadmap）。為了一致整合成員步調，也為了讓成員理解每段活動項目在整個活動中的定位，在開始進行活動前，就先明確說明整個流程、取得團隊同意，這是不可遺漏的環節。

「在什麼時間點？進行什麼樣的活動？」——安排團隊活動程序這件事，稱為「流程設計」（在研習會裡，也可能稱之為「程序設計」）。流程設計，是依目的與成員的不同，組合起各種最適合的工具或活動項目（模組），一步步勾勒出活動的整體內容。要做好流程設計，除了必須通曉多種多樣的手法之外，更重要的是，從過去到現在所累積的「在什麼樣的場合，應該採用什麼

樣的活動項目？」之經驗。關於這部分細節，將在後面另以專文詳述。

此外，為了讓流程順利進行，建議各位讀者事先安排好電子郵件、視訊會議或群組系統等相互溝通或蒐集資訊的方法。

⑤成員

實際上，對活動成果會造成最大影響的要素，是選定團隊成員。選定成員之際，除了理所當然必須挑出符合活動目的之成員外，若是未把所有重要的利害關係人（stakeholders）一併納入，可能造成好不容易想出來的好點子卻沒機會獲得執行，陷入「決而不行」的慘況。成員人數太多或太少都不理想，一般公認，團隊品質將依五人、二十人、一百人、五百人等單位變化，因此應該依照「**必要多樣性法則**」（Law of Requisite Variety）的原理，盡可能用最少的人數，匯集出最大的智慧。

一般說來，人數增加，匯聚的知識量自然會增加，但相對的，則會呈現邊際遞減的情形，成員間也會愈來愈難以達成共識。因此在選定成員時，應該記住「百分之八十的工作是由百分之二十的人所完成」的「**帕雷托法則**」（Pareto Principle，俗稱「八十／二十法則」），以最具效率的組合方式，選出團隊成員。此外，團隊成員並不需要固定，隨時讓團隊保持開放狀態，亦是促成優秀成果的祕訣。

後面筆者會再提到，為了讓團隊的力量發揮到極限，也必須顧慮到成員彼此間的個性是否適合相處。只是話說回來，能憑藉引導者的裁量來選擇、取捨成員的例子，基本上還是相當少見。大多數的情況是，團隊成員是依組織的均衡狀態去分配、指定，或是以自薦、公開徵求的方式來決定。但即使在這樣的限制下，一位優秀的引導者仍必須有能力隨著活動進行，大致決定出每個人的角色分配，或是找出關鍵人物予以活用，以求引出團隊的極限力量。

2 徹底熟悉各種基本流程

一個活動的流程，依目的及團隊成員不同，呈現出千差萬別的樣態。在某場研習會裡操作得非常順利的流程，不保證在別的研習會裡也能獲得成功。沒有任何一帖藥方是能用在所有疾病上的萬靈丹，必須配合患者及症狀的不同，逐一擬出不同的處方箋。

只不過，在從「看診」到「開處方箋」的大流程上面，的確存在著幾個「既成模式」（現有模型）可供應用。設計出理想流程的捷徑，就是以接下來將為各位介紹的這幾種模式為基礎，再配合不同的目的做調整（詳見【圖表3-2】）。

起承轉合型流程

首先要介紹給各位的，是「起承轉合」型的流程。這是一種能應用在一切活動的基本模式。

【圖表3-2】流程設計的五種基本模式

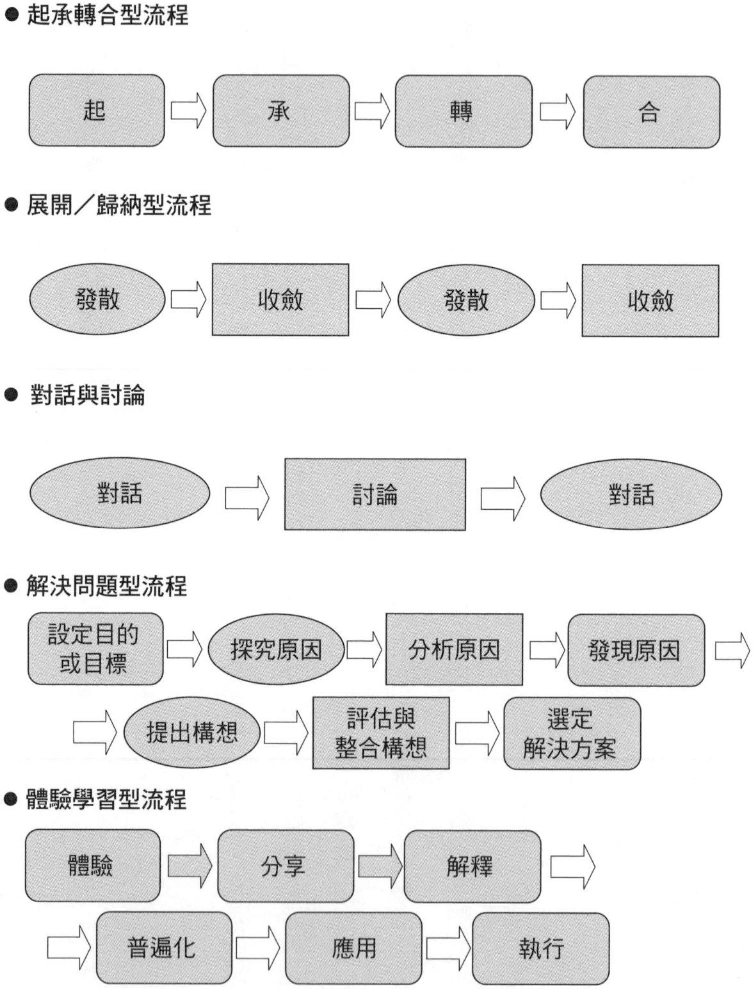

▶ 引導者須視情況組合數個流程，或調整活動項目順序，以架構出最適合活動目的之流程

①起

讓團隊成員共同理解活動的目標或整體情況，運用「破冰」（Icebreak）手法消除彼此間的尷尬氣氛，催生出眾人的團隊意識。這步驟又被稱為「整體掌握」，重要的是引出大家對該主題的興趣或想積極參與的欲望。引導者有時也必須做些起頭、帶動的動作，以炒熱氣氛、鼓動團隊前進。

②承

在活動裡促使成員自發主動參與、發揮交互作用、驅策活動進行的，便是「承」與「轉」的部分。在「承」的步驟，是藉由讓各成員率直地把對於主題的想法與疑問等全都說出來的方式，深化所有人對主題的探究與相互理解。引導者可採取讓成員擁有共通體驗的方式，或是提供思考的材料，以觸發這部分的功能。

③轉

在這個步驟裡，是由整個團隊共同進行或分成小組，將「承」的部分所提出來的意見，彙總為創造性的產物。進行到這個階段時，成員間的意見將相互衝撞，一方面產生出原先無法預期的美妙靈感，一方面也會導致各式各樣的嫌隙。此時的重點，就在於如何順利跨越這樣的困境。

④合

當團隊能突破對立、產生以一己之力無法到達的全新意見或學習成果時，就開始進入「合」的階段。在「合」這個步驟中必須做的事，就是歸納成果和全員分享，並將學習成果知識化。像小組發表或是全體討論，就是研習會裡常用的方式。最後，則應該為了下一次行動，回顧這次活動的意義，讓本次的經驗能夠轉化為今後成長的糧食。

展開（發散）／歸納（收斂）型流程

當需要催生創意之際，最出色的模式就是展開／歸納型流程。這是因為想要產生好點子，最理想的做法就是「盡可能從最多意見中選出最佳者」。這個模式，便是應用了這個原理。

展開／歸納型流程的整體活動內容，共由兩個階段組成。前半部分是讓成員展開思考，全力增加意見的數量，而不在乎品質好壞。**腦力激盪法**（Brain Storming）是最適合用於這個目的之手法，腦力激盪時，務必嚴守「自由奔放」「求量不求質」「嚴禁批評」以及「歡迎追加改進」這四大原則。如果在場只有某幾位特定人士不斷地提出意見，也可以改用發紙條給大家、請大家把想到的意見寫出來之類的方式。

光是天馬行空任意發揮靈感，有時也會形成想出來的意見有所偏倚而失去平衡的情形。若遇到這種狀況，引導者可以把寫有意見切入點的工作表發給大家，或是為大家設定出能夠引發創思的場域或角色，以強制催生出靈感與創意。而無論採用的是什麼方式，最重要的關鍵都在於引導者如何引出意見。關於這方面的技巧，本書將在第四章裡進行說明。

以前述方式充分展開思考之後，接下來便該進入彙整意見的後半部分。為了彙整意見，首先必須做的事情，是整理那些展開的意見，讓整體的全貌明朗化。這項作業切勿由引導者獨自處理，務必由團隊共同進行。整理完畢後，或是選出最佳意見，或是對複數意見再行整合、修改為更佳的成果，最後決定出一個方案。此時引導者的重要任務，便是為團隊提供最適合的手法與工具。相關技巧，本書將在第五章及第六章裡為各位介紹。

進行「展開／歸納」型流程時的重點，在於切勿將展開與歸納相互混雜。在展開階段時若有人想要彙總，或是在歸納過程裡有人又開始提出意見，引導者都應該技巧地制止。此外，應該在什麼時點把討論由展開轉為歸納，亦是個重要的關鍵點。一般而言，當意見充分展開之後，應該會自然生出一股轉為歸納的力量；而身為引導者，則必須確實看清那個時機。

對話與討論

人與人之間的對談，可大致分為兩類——「對話」（Dialogue）與「討論」（Discussion）。「對話」，是一種為了探求事物意義的交談，以擴散型會話的方式，由各種角度思索主題的意義。透過這樣的過程，回顧自己，加深彼此的理解，催生出以團隊為單位的共同思考。

另一方面，「討論」則是一種為求找出一個最終解答，而對各種知識進行彙整的歸納型對談。彼此提出主張相互衝撞，希望找出更好的答案。如果換個表達方式，也許我們可說這是一種「為求決策而做的交談」。

這兩種對談方式，並沒有所謂孰優孰劣的問題，而是必須配合目的善加區分運用。比方說，通常在活動一開始，成員們大都對目標尚未具有一致的共通印象，或是彼此的想法尚未獲得充分溝通。「對話」正是在這種時候，最能發揮它的功效。成員們可以試著以「現在的情況到底是怎樣？」「會對我們帶來什麼樣的影響？」「我們該怎麼做？」等主題，對活動的意義做些交談。

但千萬別忘記，此時的對話並非是為了找出結論，純粹只是為了促進思考。每個人提出來的意見全都是假說（假設），切勿要求成員下判斷或做出結論。要仔細傾聽發自對方或自己內心深處的話語，引出其背後的假說，對事物的本質或意義進行思索。只要仔細地徹底重複這段過程，團隊的共通意識應該便能就此產生。若是在這個階段錯誤地進行「討論」，只會讓原本就混亂的情況變得更加複雜。

另一方面，「討論」的階段則大都出現在活動的後半部。想要獲得足以解決問題的方案或形成大範圍的共識，若不運用討論的手法，就無法達成目的。而在討論的過程中，若發生成員對自己正在做的事情失去方向，或是在基本共識上意見不合，便應該再一次回到對話，讓大家重新針對活動的意義進行交談。此外，活動結束後，透過對話方式對活動的意義重新思考一次，也是件非常有意義的事。

解決問題型流程

筆者已經在前面說明過，所謂解決問題，指的是一種拉近「理想」與「現實」之間落差的行為。因此要解決問題，便必須針對「瞭解現況（掌握問題）、擬出理想（設定目標）、**思索拉近落差的方法（擬定方案）」**這三項主題進行討論。

解決問題型流程，便是善加組合這三個主題，以合乎邏輯的方式決定事情，以求有更好的方法解決問題的過程。由於過程中一步步累積共識，故能得到成員接受度高的成果。這個流程不限於應用在解決問題型的引導上，在形成共識型以及教育研習型的引導中，也常派上用場。

解決問題型流程，依問題的種類或團隊的狀態等差異，會使三種主題的組合方式有所不同。以代表性的模式而言，其步驟如下所示：

①設定目的或目標：讓追求的目的或目標明確化，並促使大家共同理解。

②探究原因：廣泛蒐集資訊，尋找阻礙目標達成的因素。

③分析原因：以各種角度分析資訊，找出發現原因的線索。

④發現原因：成功找出阻礙達成目標的因素，並促使大家共同理解。

⑤提出解決構想：產生出解決問題的構想。

⑥評估與整合構想：評估或整合各項構想，擬定出解決方案的選項。

⑦選定解決方案：由所有選項中決定一項最終解決方案。

若仔細觀察，這個流程其實亦相當於展開／歸納型流程的一種應用。**②探究原因**及**⑤提出解決構想**，便形同於展開／歸納型流程裡的展開階段，應盡可能創思出多多益善的假說或選項。另一方面，**③分析原因**與**⑥評估與整合構想**則屬於歸納階段，須由複數選項中，選定出一項最適合者。

順帶一提，在前述步驟前後的①④⑦步驟，則是屬於建立共識的階段。亦即，解決問題型流程是以透過重複進行兩次「建立共識↓展開↓歸納↓建立共識」的方式，企圖獲得較好的問題解決成果。因此，解決問題型流程在各個步驟中使用的手法與工具等，和展開／歸納型流程相同。

實際運用解決問題型流程時的重點，在於必須仔細消化每道步驟，一步步建立並累積所有人的共識。若草率急於進行下一步，或是甚至跳過某些步驟，則一定會造成之後在某處碰壁而不得前進。以組織方式解決問題的許多失敗案例，其原因就是源自於此。取得所有成員一致的步調，比什麼都重要。尤其是前半段過程的①至④步驟非常重要。若能在④**發現原因**的階段順利建立共識，我們甚至可說，整個活動已相當於完成百分之七十以上了！

體驗學習型流程

接下來，要介紹的是體驗學習型流程。所謂的體驗學習，指的是透過讓成員進行全新的體驗，把產生於其中的發現或感受昇華至知識層級，以求獲得深度學習。這種流程，被應用在從學校教育到企業研習等廣泛的領域。

最普遍的應用方式，是一邊在整體活動中操作以下介紹之循環，一邊也在各個活動項目裡安插進這個流程。而引導者肩負的任務，便是隨時要求成員回饋，有技巧地把「發現」引導成「學習」。

①體驗

讓成員進行新的體驗，思考在活動裡做了些什麼事（或沒做些什麼事）、那時感受到什麼、想到了什麼……喚起成員的感受性，促使大家產生新的發現或感受。

②分享

在這個「分享」（Sharing）的步驟中，每個人應試著把自己的發現或感受傳達給其他人，藉以瞭解大家之間有什麼共通點，又有什麼相異處。

③解釋

分析為什麼自己會有那樣的感受（或行動），探索那對自己而言有什麼的意義。

④普遍化

針對「從這件事裡究竟學到了什麼？」「那裡面存在著什麼樣的原理或原則？」等進行思考，將自己從中所學的體會與成果，化為可運用於他處之普遍化知識。

⑤應用

成功地完成普遍化之後，接下來就應思考下一個課題或行動目標，想想未來能把這項知識運用在什麼樣的時點或場合中。

⑥執行

最後，針對新的課題進行準備，思索著要執行下次行動需要準備些什麼，或是一旦執行（或未執行），又能得到什麼。而一旦決定執行，就再次回到①的步驟，重新啟動一個新的學習過程。

順帶一提，引導者在學習引導技術時，採用的也是這樣的流程。引導者是透過不斷的集體學習與回饋，逐一學會後面所介紹的各種技巧。

3 建立有效的團隊

依據成員特質建立團隊

「建立團隊」是一門研究應如何建立最合適的團隊，才能讓成員的力量發揮到極限的技術。而在這種時候所依據的基礎，就是成員的思維特性與行為特質。目前，學界已開發出多種對人類特質進行分類的模式，以下為各位讀者介紹其中幾種較具代表性者（詳見【圖表3-3】）。

有一種叫做**溝通分析**（TA，Transactional Analysis，又譯交流分析）的手法，把人類的自我狀態區分為「批評型父母」「關懷型父母」「理性的成人」「自由型兒童」以及「順從型兒童」五大類。而另有一種**九型人格分析法**（Enneagram），則把人們的性格區分為「改革者」「協助者」「實踐者」……等九種類型，運用於團隊編組或強化團隊合作。

【圖表3-3】四種個人特質分析模型

●溝通分析（TA）

項目	特徵
批評型父母自我狀態（CP）	責任感、理想、信念、嚴厲、批判、父性角色
關懷型父母自我狀態（NP）	保護、包容、溫柔、溺愛、好管閒事
理性的成人自我狀態（A）	理性、客觀、好分析、冷靜、好講道理、冷淡
自由型兒童自我狀態（FC）	創造、積極、活潑、自由奔放、衝動、任性
順從型兒童自我狀態（AC）	順從、率真、客氣、怕生、消極、依賴

●九型人格分析法

項目	特徵
改革者	追求完美、為理想努力、公平與正義
協助者	成就他人、助人、博愛、親切充滿溫暖
實踐者	追求成就、有效率地努力、重視成果
憑感覺者	藝術傾向、浪漫氣質、重視感性、忠於自己
理性分析者	冷靜觀察、累積知識、仔細思考
忠誠者	誠實謹慎、責任感強烈、順從權威
享樂者	樂觀主義、好奇心強烈、享受人生
挑戰者	自我主張強烈、追求能力、抱持勇氣奮戰
維持和諧者	追求和諧、沉穩、配合他人

●全腦模型

技術人員	藝術家
理性的 邏輯的 分析的	經驗的 直覺的 整體的
計畫的 組織的 秩序的	對人的 感性的 精神的
公務員	教師

●教練法區分

	不隨便流露感情	容易流露感情
自我主張強烈	控制者 織田信長	促進者 豐臣秀吉
自我主張不明顯	分析者 德川家康	支持者 山內一豐

▶ 性格分類不只能運用於團隊建立，也能用在分析成員特質以進行引導時之需

另一方面，有一種叫做**全腦模型**（Whole Brain Model）的手法，著眼於人類的腦部功能，將人們的思考與行為模式區分為「理性的」「經驗的」「組織的」「感性的」四大類。除此之外，其他也還有像是依據人們自我主張與情感表達的強弱，把人區分成「控制者」「支持者」「分析者」與「促進者」四大類型的教練法。

一般而言，由同質度高的成員所組成的團隊，會有決策速度較快的優點；但缺點則是較難產生具創意。在課題明確、並希望以短期集中火力的方式取得成果時，是一種有效率的團隊組合。但是這種組合還有另一種風險，就是容易在活動初期討論熱烈、成員也參與得很愉快，但後來則漸漸沉默，終至無疾而終。

相反地，由異質成員所組成的團隊，雖然要達成共識需要較長時間，但能夠從多種角度檢討課題，較易產生創意。這樣的組合，在希望能獲得全新概念，或是在面對不確定的情況下需要找出策略型解答之際，最能發揮力量。但是這種組合亦有一種風險，就是要凝聚團隊極為耗時費力，稍有不慎，整個團隊甚至可能直接瓦解。

對引導者而言，究竟哪種團隊組合方式較有成效，其實是各有優缺點，難以一言蔽之。但無論如何，儘快看出各成員的性格特性、採用最適合的溝通方式，是件非常重要的事。更何況，促進成員相互理解彼此的性格差異、扮演好眾人之間的橋梁角色，亦是引導者的重要任務之一。

另外，前述各種性格分析手法，在分配成員的角色時也能發揮功用。一個完整的團隊，需要有領導者、管理者、協調者等各種角色存在，無論欠缺哪個角色，都無法好好發揮力量。建立優秀團隊的訣竅，就在於建立團隊時，要讓團隊人數多寡適中，並交付給每個人分別適合其性格特質的角色。

建構團隊活動的基礎

無論建立團隊時花費了多大的苦心、如何徹底地讓大家瞭解了活動的目的，要讓一個團隊真正像個團隊般運作都需要時間。團隊剛組成時，成員的個人意識通常過於強烈，沒有餘裕傾聽別人的意見。結果因為彼此的思考框架或溝通模式完全不同而相互衝擊、造成各種對立之情況，相當常見。

讓組織真正成為一個組織、足以發揮其功能的過程，稱為「組織的社會化過程」——也是成員彼此協商之場域漸漸變得愈來愈成熟的過程。在這個過程中，若是最初階段的意識未能充分磨合，後來的鴻溝必定會愈變愈大，最終甚至有可能導致團隊活動陷入嚴重的危機。身為引導者，必須壓抑住想要趕快獲得成果的急切心情，投注充分的時間在活動初期的意識磨合上，對每項共識都逐一確認，務求讓所有成員都能接受後來形成的團隊共識。

在活動的初期階段必須善加落實之事，一共有三項。首先，是「**提高所有成員對活動主題及流程的接納度，徹底讓所有成員共享相同的資訊，具備相同的意識**」。為了達到這個目的，最具效果的辦法，就是直接讓成員一起參與場域設計。其二，是「**保障言論自由，賦予成員安心感**」。引導者的所作所為，會對這一點造成很大的影響。

其三，則是「**建立引導者與成員之間，以及成員與成員之間的信任感**」。後面將會介紹給各位的「破冰」或「對話」手法，應該會是有效的工具，能協助引導者達成這個目的。此外，當成員之間的個人壁壘太過分明時，便應徹底讓他們卸下自衛心理。

只是話雖如此，讓流程一直停滯在執行前的空談，亦不是一個值得推薦的做法。「放手做了才會知道」這句老生常談，亦有半分真實，無論在進行活動前如何仔細地討論，還是不可能真正瞭解每個人想法上的差異。成員在進行方式或判斷標準上的不同，總是要隨著活動進行才會全面顯現，到那時候，大家才會猛然發覺彼此的價值觀究竟有多大的差異。

要是執行前的討論真的拖得過長，比較好的做法，是把團隊基本規則或角色分配等待決事項全都先暫時擱置，或是先粗略地決定大方向；等到活動進行到某種程度後，再回頭重新檢討。通常隨著活動進行，成員們會開始相互理解彼此的想法，警戒心也會鬆懈下來，活動終究會變得愈來愈順暢。

以「破冰」活動創造場域

「破冰」在用來加速團隊意識的形成方面，是一種不可或缺的手法。這種手法幾乎一定會被運用在教育研習型或體驗學習型的研習會裡，應用在商務場合的例子也開始增加。

「破冰」如同其字面所示，是一種用來把像冰一樣又冷又僵硬的氣氛打破的活動。人們在初次見面時，或是立場與想法不同的人們剛聚集在一起時，無論如何都會覺得緊張、警戒。人們會覺得有種無以名之的尷尬，心情則呈現出困惑與躊躇，不知道表達意見時究竟要到什麼地步才適當。總而言之，通常團隊不會在組成之後，就立刻呈現出大家都能暢所欲言的氣氛。

面對這樣的狀況時，便應該透過一些加入了遊戲要素的團隊活動，解除大家身心上的緊張。而該等小遊戲亦能製造出一些讓成員彼此瞭解、相互交談的契機，促進彼此變得較容易接受他人的意見。

破冰遊戲的種類相當多，大體而言，約可區分為三大類。第一類，是**著重於讓成員彼此認識的遊戲**。其中最具代表的遊戲，就是把彼此不認識的人們兩兩配成一對，給予數分鐘時間讓每一對相互訪問，之後由所有人輪流對大家介紹自己訪問對象的「介紹夥伴」遊戲。

第二類，是**利用放鬆身體的方式，來解除眾人緊張心情的遊戲**。像是所有人圍成一圈，每個人都把右手食指放在鄰人左手掌下，依引導者號令抓手指的「抓烏龜」遊戲；或是大家須依序模仿前一個人的動作，再加上一個自己的新動作後，交由下一個人模仿的「你跟我做」遊戲等，都屬於這種類型的活動。

第三類，則是**除了解除緊張感之外，還同時讓團隊透過破冰體悟某些事情的遊戲**，亦被稱為**「暖身遊戲」**。

比方說，有個破冰遊戲叫做「我是小畫家」，進行的方式是所有人不許問問題，在紙上依序畫出引導者陸續指示的東西（如：流星、龍捲風……）。玩完遊戲後，大家會發現，即使面對的是同樣的指示，每個人畫出來的景色卻完全不同，藉以讓成員們從每張畫的差異，瞭解溝通的困難以及多樣性。

這些破冰遊戲除了可運用在團隊活動開始之際外，其他像是在腦力激盪時，或是討論陷入膠著狀態時使用，都會產生非常好的效果。身為引導者，應該盡可能記住各種不一樣的破冰遊戲，依團隊的狀態，隨時採取最適合的方式靈活運用。

引導者該由誰擔任？

在場域設計這一章的最後，筆者不得不談談一個最棘手的問題——到底該由誰來擔任引導者？

重新提醒各位一次，會議的基本原則，是負責決策的「領導者」與負責控制進行狀況的「引導者」，應該分別由不同的人來擔任。最理想的狀態，是身為領導者的人，只能在旁默默觀察討論的進行，只負責對團隊彙整出來的方案做出是否採行的判斷。因為若非如此，將使成員難以在討論過程中說出內心真正的想法。

然而，要進行引導，不但必須熟悉流程，對議題也必須擁有某種程度以上的知識，否則無法順利進行。但大多數情況是，對討論內容擁有最高度知識者，往往正是包含領導者在內的當事人（利害關係人）。如此一來，將使引導者的人選陷入知識性與中立性的兩難中。

若能由外部招聘熟悉議題的引導專家，問題當然就能順利解決。不過，實務上不可能每次開會都特地從外部請人。結果唯一可行的方式，就是從對討論內容還算熟悉的人當中，盡可能選出利害關係較小的人來擔任引導者。以企業而言，最穩當的做法，大概是請經營企劃部或人事部等管理部門的同事兼任引導者、承辦者與記錄。若屬於內部會議等不至於需要勞師動眾從外部請人來協助的情況，也可依據討論主題，由利害關係最小的組員輪流擔任。

然而，也可能發生不得不由領導者或利害關係人來兼任引導者的情況。如此一來，權威的力量將在不知不覺中對團隊造成壓力，可能會因此影響了討論的內容。

那麼，是否領導者或利害關係人就絕對不能兼任引導者呢？事情倒也並非如此。因為所謂的中立性，重點在於「**能否站在第三人的角度，公平地對討論進行裁決**」；所以追本溯源，最後還是回到信賴關係的問題上。若這位兼任的引導者能夠基於組織的使命或行為綱領、會議規則、團隊的共識事項等各種客觀標準，進行民主式的運作，應該就能得到團隊的信任。換句話說，重要的不是職務立場上的中立性，而是實質運作時（流程中）維持的中立性。若能做到這一點，領導者也可以兼任引導者。

此外，雖說引導者的權限是負責操控活動的流程，但對其是否執行得當一事進行監視的，則是團隊成員。若引導者實在做得太差勁，也可中途換將，改由別人來擔任。若大家一開始就對這件事情有共識，引導者也就不至於為所欲為，能在彼此都抱持著緊張感的情況下進行活動。

【中場小歇】

破冰遊戲

①把所有在場人員分成四至六人一組，每個人都發一張Ａ４左右的紙，寫下關於自己的四項事情。但其中一項，必須是徹底的謊言（與其寫些無關痛癢的小謊言，巧妙且大膽誇張的鬼扯，能讓遊戲進行得更有趣）。

②每個人輪流介紹自己的名字，並讀出寫下的內容。其他人針對哪一項是謊言進行討論，每組提出該組決定的一個答案。

③自我介紹者發表正確答案，一邊自我介紹，一邊對四項事情進行解說。這個遊戲能讓大家在短時間內就認識彼此，說不定還能發現其他人跟外表給人的印象不一樣的意外性格！

④若時間充裕，還能以小組對抗的方式，比賽哪一組是最佳說謊家。各組自行選出最巧妙的謊言後，每個人輪流介紹自己的名字與關於自己的事實（其中一個人說的是謊話）。

⑤其他組聽完該組介紹後，猜猜看誰是說謊者，看哪一組猜中，最後比較各組得分。

（出處：日本引導者協會網站：http://www.faj.or.jp/）

第四章

高效溝通的技巧

——理解與引出

1 傾聽的力量——用傾聽帶來共鳴

溝通，就是相互分享

當團隊活動順利啟航之後，就開始進入成員們自由提出意見、對主題進行深入探討的階段。引導者在這個階段扮演的角色，是引出大家對主題的多角度思考，建立一個能夠孕育出創造性意見的基礎。在這個階段裡，也歡迎成員提出與主題無關的資訊交換或感情面的對話，因為這樣能讓成員在不斷的東來西往與混沌之中，加深彼此的相互理解，藉此創造出一個能安心發表、自由討論的場域，讓討論能夠自主性地往前推進。再加上，以這樣的方式瞭解每位成員各自的想法及思維之後，才便於探索接下來最適合的進行方向。

這個階段的活動核心，便是團隊裡的溝通；而溝通究竟做得好不好，將大幅影響成果的品質。此外，溝通在引出成員的精神能量、使其相互共鳴以產生信任感與向心力上，也扮演了非常重要的角色。

溝通的目的，在於讓大家「相互分享」彼此的資訊、知識、情感與想法。所謂的相互分享，指的是「與對方擁有同樣的東西」（引用自《建立人際關係自我訓練》，暫譯，原書名『人間関係づくりトレーニング』，星野欣生著）。要能夠與對方擁有同樣的東西，溝通才算是真正成立。

然而，每個人的思考框架都不相同。這世界上沒有任何兩個人的思考框架一模一樣。在自己的框架下認為已經正確傳達的事情，對方其實是在對方的框架下去進行解釋，可能因此就被解讀成其他意思。溝通的難度，正在這裡。

比方說，有一天，上司交代部屬：「麻煩你再想一下。」也許對上司而言，自己所表達的思考框架是要命令部屬「進一步評估」；但對部屬而言，也許他卻把這句話的思考框架解讀成要他「判斷是不是值得進行評估」。如此一來，兩人之間的對話就會落入：「我明明叫你去做了！」「沒有，您並沒有這麼說！」的雞同鴨講情況中。之所以造成這種錯亂，正是因為雖然「資訊」本身被傳遞了，但其「意義」卻未獲得轉達的緣故。

一般而言，我們把資料或事實等「資訊本身」稱為「**內容**」（Contents）。但是資訊光靠內容並無法解讀，必須與其他資訊建立連結，才能理解其意義。而該「連結」，我們便稱之為「**思考框架**」（Context，又譯「脈絡」或「語境」）。前面我們提到的文化、風俗、習慣、規範、常識、價值觀等，也就是這兒所謂的思考框架。

「內容」要能在「思考框架」中獲得定位，才成為真正具有意義的資訊。人與人的溝通，不但必須傳遞內容，也必須轉達思考框架。如果未能把資訊的「意義」傳達給對方，就不能算是有效溝通。而轉達思考框架除了協助溝通之外，藉由相互分享不同的思考框架，甚至能催生出全新的靈感！關於這一點，筆者會在後面另行說明。

能相互分享「意義」，才是真正的溝通。在各位開始學習溝通技巧之前，請務必先將這件事實好好地記在腦海裡。

不是用耳朵聽，而是用「心」聽

在人與人的溝通裡扮演最重要角色的，就是接下來要為各位說明的「傾聽」（Active Listening，積極地聆聽）。對一位引導者而言，傾聽則是與「提問」並列為最基本技巧的能力。

所謂的傾聽，指的是「仔細聆聽對方所說的話」。在英文裡，它指的是listen（細聽），而不是hear（聽見）。「聽」這個中文字的結構也告訴我們，不只是用耳朵聽，而是要用「心」去聽，才是傾聽。

一般人的聽覺速度快於說話速度，思考速度又更快於聽覺速度。也因為這樣，我們常在聽著別人說話的同時，在思考上出現一些空檔。人們很容易「利用」這些思考上的空檔，先行想像結論，或對內容進行思索；有時候，亦可能開始在腦中整理自己要說的話、思考等一下該怎麼回答。這樣的情況，實在不能算是真的在「聽」別人說話。

要做到傾聽，就必須把全副心思徹底集中在對方的話語上。如此一來，應該就會自然地呈現出「側耳細聽」的態度。如果竭盡所能想要理解對方，就會變得不只是用耳朵聽，也會集中精神去注意對方的表情與動作，也會看著對方的眼睛，等待對方說出下一句話。這樣的情況，才是真正的傾聽。

接下來，重要的是「完全依對方所言的方式理解對方的話，將心比心地發出共鳴」。如果有人仔細聆聽自己所說的話，無論是誰都會產生出「被接納」的安心感。因此，傾聽也成為尊重對方人格、「把對方當人看」的一種表示。如此一來，人才會安心地生出想傳達自己的想法給對方的欲望，引導者也才能源源不絕地引出這個人的意見。要是進行得順利，也許一個人平常不會說出口的內心話，也會放心地分享給眾人。

傾聽乍看之下似乎簡單，但若認真地去做，其實難度相當高。要在任何時候面對任何人都能做到傾聽，需要經過不少訓練。而其祕訣就在於：對方所說的話要抱持興趣。即使面對的是自己不擅長應付的人或不喜歡的對象，只要抱持著「我一定要找出他的優點」「一定有什麼我可以學習之處」的想法，仔細傾聽對方的話語，應該就能有意外的新發現。而我們這樣的態度，也可能改變對方對我們的看法，成為扭轉人際關係的契機。

要在人與人之間建立信任感，最基本的做法就是傾聽。引導者應該率先以身作則，一方面獲得成員的信任，一方面把這樣的氣氛擴展到整個團隊。傾聽，是建構一個讓團隊成員能安心表達自己意見之場域的基礎。

複誦對方說過的話以表達自己的專注

我想，每個人應該都有過雖然有在聽對方說話，但因為眼睛沒看著對方，或是同時在做點別的事情，而被對方質問：「你到底有沒有在聽啊？」的經驗。如何接收訊息，並非由發出訊息的人（說話者）決定，而是由收訊者（聆聽者）決定。無論收訊者如何用心地聆聽，若這份心情沒能傳達給對方，那麼對方並不會知道。在這種時候，若能適度地傳達某種「我有在聽你說話」的訊息給對方，對方就能實際感受到我們的專注。

最簡單的訊息，就是點頭。光是點頭這件小事，就能帶給對方相當大的安心感。如果能配合點頭再加上一些「嗯」或「原來如此」等簡單的回應，效果會更好。更進一步，若是能正確地「複誦」對方說的話，就更能把共鳴的感受傳達給對方。除此之外，複誦還具有確認對方的發言內容、加深說話者與聆聽者雙方理解程度的效果。

複誦一共有三種方式。如果不斷重複同樣一種方式，效果會愈來愈薄弱，所以請技巧地輪流使用。

①複誦對方句子裡的最後結尾（語尾）

發言者：我覺得，還是鐵下心來，整個重新做一次會比較好。

聆聽者（以下統稱引導者）：那樣會比較好，是嗎？

②複誦話中出現的關鍵字

發言者：我覺得對新時代的領導者而言，引導能力會是必備的一種技巧。

引導者：你的意思是，未來引導能力會很重要？

③將對方所言內容用自己的表達方式重新整理後，再「換句話說」拋回給對方

發言者：我覺得那個產品是有它的吸引力沒錯啦，但是沒有擊中要害、一槍命中，總覺得好像少了點什麼……

引導者：換句話說，你不是很喜歡？

複誦，能讓對方產生「被接納」的感覺。但所謂的複誦，並非等於同意對方的說法，只是單純地表示我們確實聽進了對方所言的內容而已，只是讓對方知道，「你所說的話，我已經放進腦子裡了」。

因此，聆聽者並沒有必要說出「這意見真是太好了！」這種對於說話內容表示贊同的

話，或是做出「這樣很不錯（或很不好）！」的價值評斷。尤其引導者在複誦成員的意見時更需要特別注意，切勿在無意間把議論導向自己的思維方向。而要以像是「原來如此，你剛剛說的是……吧？」等中立的說法，來回應成員的討論。

和對方頻率同步之後，再開始引導

把共鳴傳達給對方的技術，除了傾聽和複誦之外，還有一種叫做「同步」（Pacing）。所謂的同步，是把自己的遣詞用句、口吻、說話速度、表情、動作和姿勢等溝通的節奏與表現，調整成與對方相同。比如像下面這段對話方式，就是一種同步。

發言者：講到那個經理，我就一肚子鳥氣。我拚了命才拿到的案子，卻被他拿來講成好像是他的功勞一樣，到處吹噓！（身體前傾，兩手張開）

聆聽者：什麼？他居然這樣？這實在太過分了！（身體前傾，兩手張開）

對於一個已經情緒激動的發言者，以「唉呀，何必這麼說呢，經理也是有些優點的嘛……」的這種冷靜態度訓誡他，只會換來對方「哼！這傢伙根本一點都不瞭解狀況！」的反效果。我們首先必須做的事，應該是以同步的技巧（同理心）傳達共鳴的感受，塑造出親和的關係。

接下來，等對方情緒稍微緩和了，再以「到底他為什麼會做出這種事？」的方式，把對方導向我們的步調。這樣的做法，用在因討論白熱化而處於情緒亢奮狀態的人身上，或是因感到被疏離而採取不合作態度的人身上，非常有效，是個各位務必學起來的引導技巧。

再進一步，還有一種方式，是同步雙方溝通的模式。面對一位說話深具邏輯的人，用同樣具有邏輯的模式回答他，不但比較能讓他理解，還能催生出對方「啊，這小子是個可以深談的人」的共鳴感受。如果面對的是一位視覺感受性強的人，溝通時就應該多運用圖解；如果面對的是一位感性又憑直覺的人，溝通時就應該訴諸情感式的表達，效果才會好。

要學會同步的技巧無疑地需要經過訓練，但「將心比心」則能夠讓自己較簡單地做到這件事。像當媽媽的人在面對自己的小寶寶時，會很自然地用兒語說話、做出比較誇張的動作，這也是一種同步——而且是未經任何人教導就自然而然地這麼做。為了維持良好的人際關係，與對方同步的同理心，是每個人都應該學會的技巧之一。希望各位能意識到這一點，盡可能去活用這項技巧。

2 問問題的力量——透過提問加深對話深度

以開放型提問擴展思緒

運用傾聽的技巧仔細聆聽對方所說的話之後，接下來就要用提問來強化討論的深度。必須嚴守中立立場的引導者，不能使用指導、建議、評論等伴隨強制力的發言方式，唯一能安心使用的，就是在這一節裡要說明的「提問」。這個情況無論是在引導的哪種類型——「硬推型」（Push）引導或「牽拉型」（Pull）引導裡，都是相同的。

能否依據討論進行的狀況，隨時提出恰到好處的提問，是一個人引導能力的核心。藉由提問，也能控制成員間的交互作用。而若要引出成員的自發性力量，提問也不可或缺。提問能迫使成員用自己的頭腦思考，用自己的嘴巴說出答案。

提問可大致分成兩大類，其一是開放型提問（Open Question），其二則是封閉型提問

（Closed Question）（詳見【圖表4-1】）。

所謂開放型提問，也就是問及「是什麼」（What）、「何時」（When）、「何地」（Where）、「何人」（Who）、「為什麼」（Why）、「如何」（How）這5W1H的問題。由於被詢問者能做開放式的回答、不會受到提問者的控制，因此較偏向於展開型的提問。在想要讓大家自由思考之際，或是探求些什麼好讓成員內省之際，這類提問最能發揮效果。

只是把表面上的發言整理得漂漂亮亮，對於形成高品質的共識而言，並沒有什麼意義。真正的引導技術，是要能夠引出隱藏在表面發言背後的真正想法，讓眾人的意見細密地相互交織。而在這種場合該使用的，就是開放型提問。

在各種提問裡，建議讀者們必須最熟悉並靈活運用的，就是「是什麼？」（What）與「為什麼？」（Why）這兩個問題。一般而言，想要挖掘出事實時應該使用What，想要詢問出意見時則應該使用Why。

「是什麼？」是一種萬能問法，無論是在想要鎖定重點聚焦時，或是想要擴散話題內容時，都能派上用場。比方說，若碰到對方發言內容含糊時，便能以不斷詢問「是什麼？」的方式，讓重點浮現出來。

【圖表4-1】比一比！開放型提問與封閉型提問

	Open Question（開放型提問）	Closed Question（封閉型提問）
說明	未規定回答範圍或方式，讓被詢問者能自由回答的提問。對引出對方心靈深處的創造力，有很好的效果。	已事先指定好類似像「是」或「否」等回答方式的提問。在歸納論點時或誘導討論時，有很好的效果。
範例	「大家的意見是什麼？」 「你認為原因在哪裡？」 「要怎麼做才能實現這個目標?」	「要不要採用這個意見？」 「你認為原因是不是出在領導者身上？」 「你們認為用這個方法能實現這個目標嗎？」

開放型與封閉型綜合交互提問法

●開放型→開放型
在做像是腦力激盪之類的活動時，用於將發言內容做創造性擴散。

●開放型→封閉型
當討論至某種程度後，轉為歸納發言內容，或更為深入討論時使用。

●封閉型→開放型
一開始先歸納範圍，待情況變得較容易處理後，再開始挖掘本質時使用。

●封閉型→封閉型
用來歸納發言內容，或是具體挖掘出含糊發言的真意。

▶只要能夠善加分別運用開放型提問與封閉型提問，應該就能隨心所欲地深入討論各種話題發言者：用那種態度對待客人，客人可是會全跑光的呀！

引導者：所謂的「那種態度」，是指什麼樣的態度？

發言者：該怎麼說呢……就是那種有點瞧不起客人的感覺。

引導者：「有點瞧不起客人」講得更具體一點，是指些什麼樣的事情？

而和前者略微不同，用來從事實或經驗中引出知識或教訓，或是從其中挖掘出意義來時，也具有相當的效果。

發言者：用那種態度對待客人，客人可是會全跑光的呀！

引導者：對我們而言，這意味著什麼？

發言者：也許對新人的教育還不夠吧。

引導者：教育還不夠，指的是些什麼樣的事情？

另外，想要直接針對某個答案探詢對方真意時，「是什麼？」也能發揮巨大的威力。只是，這樣的提問將變得相當單刀直入，使用時務必留意對象和時點。

發言者：我覺得，似乎也應該針對〇〇這一點，進行一些評估。
引導者：你之所以這麼說，想要強調的重點是什麼？
發言者：既然上面這樣交辦，就老老實實照上面的意思去做就好是沒錯，可是總覺得沒什麼幹勁……
引導者：是什麼讓你有這樣的感覺？

另一方面，「為什麼？」則在引出潛藏於內心的想法時，或是想讓對方自己發覺什麼時，非常有效。就像管理學上常說的要「連續問五次為什麼」一樣，只要不斷重複問對方「為什麼？」，就能一步步逼近發言內容的核心。

發言者：實在不好意思，可是只有這一點我沒辦法讓步。
引導者：為什麼你要特別執著於那一點呢？
發言者：應該說這是我的信念吧，我沒辦法接受這件事。
引導者：為什麼沒辦法接受？

前述的5W1H裡，尤其是「為什麼？」這個提問，一旦用得不好，很可能變得好像在責備對方一樣，稍有不慎，反而會讓對方封閉自我心靈，對提問者（引導者）產生反感。像是以下這個例子：

發言者：就算你這麼說，我也辦不到啊。

引導者：為什麼辦不到？

發言者：你是在批評我不夠努力、不夠積極嗎？

因此，遇到這種場合，如果能把「為什麼？」（Why）改為「是什麼？」（What）和「如果」（If）的組合來代替，就能把問題轉變成較不會令人產生反感的積極型提問。各位讀者務必記下這個技巧，用來讓情緒變得負面的成員重新把意識轉向正向思考。

發言者：就算你這麼說，我也辦不到啊。

引導者：是什麼成為這件事情的阻礙？如果有什麼可以做到的事，你能做些什麼呢？

以封閉型提問歸納發言

所謂的封閉型提問，是指回答問題者只能回答像是「是」或「否」等答案的歸納型疑問，主要用在想歸納發言內容之際，或是想挖掘出含糊的發言內容重點之際。和前述開放型提問不同，封閉型提問的主導權是掌握在提問者手上，提問者能控制被詢問者的回答。但封閉型提問相對有個缺點，就是若做得太過火，可能會讓場面變得像是警察在訊問犯人一樣，以致被詢問者產生了一種被壓迫的感覺。

使用封閉型提問來歸納發言時，有兩種做法。一種是一直以「是」和「否」來一步步聚焦對方的想法，讓問題問得愈來愈細，直到探詢出對方的真意為止。這種方式在能把談論主題分割成幾種不同要素時，相當有用。

引導者：以結論而言，你的意見是相較於產品開發，還不如將資源更優先投注於行銷方面，是這樣嗎？

發言者：沒錯。目前產品已十分豐富，應該盡快開始投入大手筆的行銷預算……

引導者：而你所謂的行銷投資，指的並不是開拓通路，而是指廣告宣傳，是這樣嗎？

發言者：是的。我認為那是突破現況的最佳策略。

另一種做法，是以單刀直入的方式，把覺得可能是對方真意的答案拿出來提問，以這種方式直接縮短和對方真意間的差距。與前述方法正好相反，適合在談論主題較抽象、難以被細密分割時使用。比方說，若提問者以舉例或比喻等方式確認對方心裡的意象，被詢問者也會比較容易回答。

引導者：新公司的定位如果以餐飲業來比喻的話，比較像是樂雅樂家庭餐廳那種感覺嗎？

發言者：以走大眾路線這一點而言是沒錯，但感覺規模要稍微再小一點……

引導者：是不是類似小而精緻的義大利餐廳那種感覺嗎？

發言者：對，就是這樣！我想成立的是一家規模也許不大、但擁有自己風格的公司。

無論是開放型提問或封閉型提問，如果一直只用其中一種，討論遲早會走進死胡同。若是內容已變得過於狹隘，就要用開放型提問加以展開；相反地，若是論點變得太過漫無邊際，就要用封閉型提問加以歸納。像這樣兩種方式適度均衡地使用，才是優秀的提問者（引導者）。等到你能以這種方式隨心所欲地控制討論內容時，便是深化討論的技術已經臻至爐火純青的證明。

引導者：請問你對現在工作感到滿意嗎？（封閉型提問）

發言者：如果真的要我回答，我必須說，其實有些不滿。

引導者：有些什麼樣的不滿呢？（開放型提問）

發言者：我也很難具體說明，總之就是讓人覺得沒什麼幹勁。

引導者：這是最近才開始的感覺嗎？（封閉型提問）

發言者：沒錯。要說到造成這種感覺的契機，那是自從……

引出蘊藏在深處的創意

學會了如何善用開放型提問和封閉型提問之後，接下來我們要學的是，如何引出蘊藏在成員內在深處之創造力（創意）的提問法。

當我們在進行解決問題型的討論時，很難避免情緒陷入負面思考或是討論陷入瓶頸，而導致難以創造出新意見的情形。有些提問方式，可以用來在這種時候創造出讓成員的思緒得以跳脫瓶頸的契機。

其一，是讓思考由負面轉向正面的提問。為了引出建設性的意見，提問時必須針對未來而非過去，必須讓思考更加奔放而非限縮。而這種提問，必然不會是否定型，而是肯定型的提問。

否定句：× 為什麼會出問題？

肯定句：○ 怎麼做，才能讓這件事順利進行？

否定句：× 用那種方法會成功嗎？

肯定句：○ 要讓它成功，還有什麼其他可能的方法？

否定句：× 為什麼做不到？

肯定句：○ 要做成這件事，應該要怎麼處理？

為了促進具有創造性的討論，還有一個各位讀者也應該學起來的提問技巧，就是打破思考框架的提問。讓提問成為一把釣竿，釣出成員新的自覺，動搖他們自己建立起來的思考牢籠。

針對外界的提問：有沒有什麼事情正在發生變化？
針對內心的提問：那個時候你們感受到了什麼？
關於解釋的提問：那代表了什麼意思？
關於決定的提問：要做些什麼事才能更接近目標？

即使大家難以想出意見，但是，答案都只會在團隊之中，必須靠團隊自己去發掘。引導者該扮演的角色，是讓成員發覺自己本身便擁有確實面對問題、找出答案的力量。

如何不讓成員過度依賴引導者？

如果引導者為了引出成員意見而不斷提問，可能讓場面演變成全都是成員與引導者之間的互動。這樣的情況並不理想，因為活動真正需要的，是讓成員由彼此的意見中去產出新的靈感。因此接下來，筆者將為各位說明，遇到這種情況時的因應方式。

聽到成員回答問題，很容易讓引導者產生想要脫口而出自行回答的衝動。有時候，引導者可以不做回應，把自己當成一面鏡子，將問題反射給其他成員。

引導者：為什麼那個時候沒有那樣做呢？

發言者：是因為我們勇氣不夠的關係嗎？

引導者：各位對現在這個「因為勇氣不夠」的意見，有沒有什麼看法？

而在有成員直接對引導者提出問題時，引導者也未必就得回答。讓所有成員一起思考這個問題的答案，或是讓提問者自己去想想這個問題的答案，也是件重要的事。頗令人意外的是，許多時候其實提問者心裡早有答案；之所以提問，只是為了確認而已。

發言者：像這種樣子的討論，可以嗎？

引導者：你自己認為如何呢？

引導者之中，也會有那種受不了沉默，連續不斷對成員提出問題，以強力施壓的硬推型（Push）方式主導討論進行的引導者。像是「要不要試著以〇〇的角度去思考看看？」「比方說，像○○這種點子呢？」等等能夠誘出回答的提問固然重要，但若用得太過度，反而會使成員變得被動。

在這種時候，就要改用循循善誘的牽拉型（Pull）引導，來改變現場氣氛。丟出一個大問題後，接下來就是閉上嘴巴耐心地等候成員們找出答案，最多只用些眼神或手勢等，敦促成員做出反應。如果連這樣都無效，那麼試試看，直接開門見山詢問成員為什麼不回答，請成員們回饋他們的意見，也是個好方法。

3 觀察的力量——破解絃外之音、看穿言外之意

注意對方的聲調、表情、姿勢

一講到溝通，首先在我們腦海中浮現的，通常是「使用言語進行的交談」。但是據聞人類的溝通行為中，言語所佔的比例只有百分之七而已。那麼，剩下的是什麼？百分之三十八是聲調變化與抑揚頓挫等「聲音表現」，百分之五十五是表情與姿勢等所謂的「肢體語言」。

曾用電子郵件進行過討論的人就會瞭解，純粹只用文字、言語往來，資訊量太低，難以好好地把想表達之事傳達給對方。善用言語之外的溝通方式，對促進溝通順利進行，能發揮相當大的效用。

非語言訊息的種類非常多，其中最重要的三項，分別是聲調、表情與姿勢。讓筆者依序為各位解說。

第一項**聲調**指的是聲音的高低與大小、說話的速度（節奏），以及句子之間的間隔、音調、抑揚頓挫等等。比方說，即使回答時的遣詞用字鄭重其事、謙恭有禮，但內心究竟對該意見是贊同或是無法接受，則會誠實地反映在聲調上。另外，任何人在情緒激昂時，音調或說話速度都會提高；相反地在心情低落時，音調則會下降，抑揚頓挫也會變得較平板。而像是句子與句子之間的間隔或聲音的顫抖等等，也都在無意識中呈現出說話者的情緒。

像這樣，一個人的「說話方式」，也隱藏了許多可以用來理解對方的線索。正如同我們聽歌曲時，不會只注意歌詞在唱些什麼，而是會把旋律及和聲等也一併聽進耳朵裡，我們在聽人說話時，也必須以綜合整體的方式聆聽這個人在表達什麼。

第二項的**表情**也是一樣。所謂的「表情」正如字面所示，人的臉上會表現出許多的情緒。其中傳遞最多訊息的，就是眼睛。我們常說「眼睛會說話」，也說「眉目傳情勝於甜言蜜語」，一個人的眼睛，能透露給我們許多事情。之所以情侶們默默對望就能理解彼此的心意、老師在教訓學生時會命令學生「看著我的眼睛」，都是因為眼睛是靈魂之窗，會反映一個人內心的想法。眼睛大致是以視線的方向（眼球的運動）、視線的強弱（定焦的方式）以及眼睛的大小這三大要素的交互組合，來表達各種訊息。

關於如何觀察一個人的眼神，有的手法是把眼神與人腦活動做連結，賦予各種眼神不同的意義，有的手法則是運用訓練的方式，提高觀察者對他人眼神的解讀能力。但總歸而言，這一切只能藉由不斷累積的經驗去學習，別無他法。而且觀察一個人的表情時，並非只是注意眼睛，也應該一併把臉頰、鼻腔、嘴巴等構成整體表情的各個部分，全都列入觀察。

第三項的**姿勢**，人們從古至今便不斷研究各種解讀其訊息的方法。比方說，身體前傾是表示有興趣，相反地，如果身體往後，則是表示有所不滿或批判。雙手抱胸或是雙腳交叉被稱為「防衛姿勢」，是想要反抗對方意見的一種表示。把手握在臉部前面，則被認為是一種在交涉協商等之際使用的戰鬥姿勢。當然，人也可能純粹因為個人習慣而擺出某種姿勢，並非只要做出某種姿勢，就一定代表某個含義。但我們在心裡想想「是不是有那種可能？」也不會有什麼損失。

其他像是說話時的距離，或是拍打、撫摸等接觸行為，也都分別蘊含著某些訊息。不過，所有的非語言訊息都有一個共通點，就是只要文化背景不同，解讀的方式也就必須跟著改變，要注意千萬不要犯下錯得離譜的解讀錯誤。有時候，發言者會有發出的語言內容與非語言訊息本身相互矛盾的**雙重訊息**（Double Message），此時，正確地解讀對方無意識間傳達之事實的能力，是一件非常重要的事情。

用傾聽與觀察的力量，掌握現場氣氛

身為引導者非常重要的資質之一，就是究竟能夠像前述那般，解讀出多少其他人的非語言訊息。

為了強化這個能力，除了傾聽之外，也必須培養自己「觀察的力量」。所謂的觀察（Look），和看（See）不同，觀察是為了看穿某事物的本質，而仔細地估量。要讓自己的全身都成為接受訊息的天線，用盡所有「傾聽的力量」與「觀察的力量」，滴水不漏地接收對方發出來的一切訊息。

日本人向來拙於進行開誠布公的討論。即使面對質詢，也常以很表面的回答帶過，或是以含糊的方式敷衍一下。要是自己的想法與團隊主流意見有所不同，通常會刻意隱藏這一點，將它埋到自己心裡的最深處。

引導者在這種時候，必須確實看出隱藏在發言內容最底層的真正想法，運用精準的提問，把那個想法推到表面上來。也必須找出那些從表面上的討論中，無法看出來的成員間的意識差異，讓論點具體浮現。為了做出這些判斷，就必須藉由非語言訊息提供給我們許多線索。

此外，一旦有能力閱讀非語言訊息，就會更容易看出所謂的「現場氣氛」。比方說，像是成員對會議的進行是否滿意、對討論內容能否接受、是否信賴這位引導者等等，成員間共同擁有的一些意識，都會成為場域的一部分，充斥在整個空間裡。

沉默有沉默表示的意義，什麼話都沒說，也是一種訴求。引導者要是無法解讀這一點，只顧著埋頭照著自己的步調進行會議，一定會在後來的某個過程中踢到鐵板。

尚未習慣時，也許無法精準地判讀現場的氣氛，即使如此，至少隨時張開自己接受訊息的天線，保持敏銳的觀察力，起碼應該能感受到有些不尋常的氛圍。只要能夠發覺異常，就能向大家提問：「有沒有什麼不滿意的地方？」或是：「大家臉上的表情看起來，似乎不是很能接受的樣子？」等問題。

像這樣，有什麼不懂時，老實地向成員請教，也是引導者的手腕之一。做這件事一點都不丟臉，畢竟引導者是為了協助團隊進行活動而努力，所以引導者本身所遇到的問題，也可稱得上是團隊的問題。由引導者主動開口，說出正在煩惱的事情，由整個團隊分享，反而是理想的做法。

身為引導者，必須隨時保持一顆真誠面對「一無所知」的心，明確地區隔「確定瞭解的事」「好像瞭解的事」以及「不瞭解的事」。

4 回應的力量——串聯並展開話題

用摘要或換句話說的方式搭起橋梁

引導者這個角色，相當於表演舞台上的檢場人，如同聚光燈照不到般的存在，對於成員提出的意見，沒有必要逐一回應。應該要做回應的，是團隊裡的其他成員。但是引導者有義務對團隊提供支援，協助其他成員進行適當的回應。由於每個人的溝通模式均不相同，所以為了拉近成員間的關係，如同橋梁般「翻譯」與「仲介」的功能實為不可或缺。

那麼，什麼是翻譯與仲介？具體而言，就是把成員的發言內容用更簡單易懂的方式重新表達，或是敦促其他成員發言。為了妥善執行這個任務，有兩個手法建議各位要學起來。首先，是在前面「複誦」的章節中已經介紹過的，將成員的意見做摘要，或重新整理得更簡明易懂的技巧。

稍微岔開一下話題。在溝通訓練時，有時會玩一種遊戲：某個人發言之後，下一個發言的人，必須把上一位發言者的表達內容做摘要。如果摘要正確，才能獲准進行自己的發言（如果錯誤，則重新再摘要一次，若還是不行，就請發言者重新傳達一次一開始想表達的內容）。各位如果玩過一次就會知道，大家的發言在這個遊戲裡常常被迫中斷，重新再來。因此這個遊戲能讓人實際體驗到，正確地聆聽別人說話之後，再用自己的話適當地做出摘要，是多麼困難的一件事。

若是摘要或翻譯之際未能切中要點，那麼這整個引導就會變得毫無意義。想從別人的發言內容中善加抓出重點的訣竅，就在於必須先掌握住他的主張方向——也就是「這個人最終想說的到底是什麼」。要透過發言內容，看出那個人真正的主張（真心話）。若未能解讀這一點，就無從判斷一個人的發言內容裡，到底哪個部分重要，哪個部分不重要。

事先就知道發言者的想法後，這件事就會變得相當簡單。如果不知道發言者的想法，也必須藉由一連串的問與答深入挖掘。這種時候，我們該善用的手法，就是以開放型提問探詢當事人的發言意涵或意圖，或是解讀他的非語言訊息，聽出絃外之音。

經過一連串前述的嘗試後，應該就能看出「A之所以主張○○，事實上是因為想要△△

的緣故」的這種本質心理。到了這個地步之後，就可以用「你心裡真正想說的話，是△△吧？」的封閉型提問，來確認其真意。

再者，為了精準地掌握住重點，隨時全面性地把握住討論進行的情況，也是一件重要的事。有些對當事人本身而言非常重要的點，也可能在放眼整個討論後變成芝麻綠豆大的小事。或是在當事人自己都沒發覺之處，說不定就隱藏著能夠改變整個討論方向的點。所謂「重要的點」，會因為如何定位每個人的發言而有所不同。

身為引導者，必須隨時在腦中存有一份「討論進行地圖」，清楚地掌握目前的討論是在什麼樣的廣度中進行，瞭解全盤內容，確認目前正朝著什麼方向前進。如此一來，就能明確地定位每位成員的發言，也更容易抓住重點。

實務上，引導者在抓到重點後，應該把這些重點寫在白板之類的板子上，讓它們成為團隊共同理解的內容。關於這方面的技巧，筆者將在第五章裡進行說明。

用實例或比喻協助成員以直覺理解

為了促發討論，引導者能採用的另一種回應手法，是運用實例或比喻，讓成員表達出來的內容意象，更容易被大家所理解。

我們日常所接觸的知識，可分為外顯知識與內隱知識兩種。所謂外顯知識，指的是像報告或指導手冊般，能被文字化記錄、表達的知識。相對而言，內隱知識指的則是像直覺、技巧或意象等，「只可意會，難以言傳」的知識。

一般而言，「會議」裡進行的知識交換，較偏向以外顯知識為中心。然而，那些外顯知識背後卻存在著龐大的內隱知識，許多個人或企業的無形訣竅，都隱藏在其中。若無法將內隱知識也一併進行交換，即使花費心力聚集大家也不具有任何意義。

傳授內隱知識最好的方法，應該是像師傅教授弟子技巧一樣，透過參與式合作的過程，用親自體會進行傳承。但這樣的方式難以使用在會議上，所以實務上可行的最佳辦法，是運用實例或比喻等，把直覺的意象直接送進大家的心裡。

自古以來，人類就常用故事來傳承許多經驗與知識。和這種做法一樣，我們只要使用案例，就能把難以言傳的豐富知識，以直覺的方式傳達給對方。有人說，演講高手都善於運用一些經驗談或小故事；他們其實就是以這種方式，將難以用語言表達的知識，藉此方式技巧地傳達給別人。

如果成員裡有不善於表達內隱知識的人，那麼引導者在感受到那個內隱知識之後，如果能改用實例或比喻的方式再替他重新說明一次，就能協助溝通進行得更順暢。

「比方說，其他業界出現了像○○般的情況，你指的是像這樣的情形嗎？」

「如果用棒球來比喻的話，就像是在九局下半兩出局滿壘的情況下，派一個新人上去代打，是像這樣子嗎？」

「簡單來說，你的建議是要大家不要『碰到石橋也要敲一敲再走』（過於小心翼翼），要放手嘗試，畢竟『就算是瞎貓也有機會碰上死老鼠』，是嗎？」

像這幾個例子所示，商務場合上常用的舉例方式，是以過去的成功（失敗）經驗或其他業界實況做為案例。另外，像是以歷史故事為案例，或是把戰爭、運動比賽等情形類推，也是常用的手法。

至於比喻，我們則常拿地球、生物、家族等做比喻，另外像是諺語、成語、慣用語、名言等亦相當好用。身為引導者，必須盡力提高自己的教養及語彙，讓自己無論面對任何場合，都能很快靈光一閃地想到最適合的用法。

以提問表達主張

原則上，引導者只會對活動的進行過程做管控，不涉及討論內容。因此，通常不會有敘述自己意見的機會。即使無論如何都想要表達意見，也得先暫時離開引導者的位置，向團隊成員取得准許自己發言的許可。

話雖如此，但如果是為了擴大討論的廣度，或是給予團隊一些刺激，或挑起某種契機，而提出一些相當於觸媒般的意見，則並無不可。刻意提出偏激的意見以挑動或煽動成員，也是引導者常用的技巧。然而，使用時務須留意做法與頻率，避免無意間將討論內容誘導向自己所希望的方向。為了避免這種情況，以提問方式提出假說式的意見，是較理想的做法。

人一旦想要自我表達，很容易會變得想把意見強迫推銷給對方，或是採取攻擊態度針鋒相對。如此一來，對方要不是因為情緒上的反彈而難以接受我方意見，就是會想反擊回來。結果討論到了最後，總是變得各說各話，一心只想使對方屈服；難得互相瞭解的機會，就這麼消失無蹤。

為了避免發生這種情況，有一種不把自己的意見強迫推銷給別人的表達方式，稱為「非攻擊型自我主張」（詳見【圖表4-2】）。這種意見表達法的基本模式，就是運用提問。

× 我認為應該是A。

○ 是不是也可能存在A這種看法？

◎ 像是A這樣的想法，您認為如何？

像這樣以提問方式傳達自己的意見時，相較於答案只有是或否的封閉型提問，能夠讓對方參與回答的開放型提問，會讓提問者的自我主張變得更溫和。而無論用的是哪一型提問，重點都是要弱化提問的主張內容。而如果能在一開始先加上幾句，像是「**也許我的看法不對，可是……**」或是「**這只是我個人的意見，但我認為……**」等退一步的說法，就會更加具有減緩對方情緒反彈的效果。

而在向對方提出反駁或回答對方提問之際，也務必先徹底瞭解對方的發言內容，再以提問的方式將自己的意見告訴對方。這種時候，切勿全面否定對方的意見，而應該以「那麼，您對另外這個意見有什麼看法？」的追加型表達方式，塑造讓對方容易接受我方看法的氣氛。要記住，回答時盡可能不要用「是的，但是……」（Yes, but...）的否定型表達法，而用

【圖表4-2】一般型自我主張與非攻擊型自我主張比較表

●把直述句改為問句

× 我覺得應該是這樣。	○ 是不是也可能這樣？
× 你這樣不對。	○ 你這樣有沒有可能出錯呢？

●把封閉型提問改為開放型提問

× 你是贊成還是反對？	○ 對這件事你有什麼看法？
× 你不認為應該這樣做嗎？	○ 你認為應該怎麼做呢？

●弱化主張內容

× 我們不是應該這樣做嗎？	○ 你覺得這樣做有沒有可能會比較好？

●改用「我們」為主詞

× 你怎麼打算？	○ 我們該怎麼做會比較好？

●檢討事情時，要對事不對人

× 你為什麼會失敗？	○ 是什麼造成這件事失敗？

●發言時先退一步

× 你這樣的看法很奇怪……	○ 也許我的看法不對，可是……
× 應該這樣做……	○ 這只是我個人的意見，但我認為……

●先強調看法一致的部分

○ 我的看法和你的幾乎都相同，只有一個地方……

▶要提出與對方不同的意見時，原則上應盡可能使用「是的，而且（Yes, and...）」的附加型表達法，切勿使用「是的，但是（Yes, but...）」的否定型表達法

「是的，而且……」（Yes, and…）的附加型表達法。

× 雖然您這麼說，可是，不也有像A這樣的看法嗎？

○ 原來是B這樣啊。可是，是不是也可能存在像A這樣的看法呢？

◎ 原來是B這樣啊。那我們是不是也進一步對像A這樣的看法做些評估呢？

有時候，我們難免會碰上無論如何都不得不否定或反駁對方意見的時刻。這種時候該採取的做法，是一開始先強調自己同意對方之處，然後才提出反對意見。最後，記得再重述一次雙方看法一致的地方。

如果能夠學會這種非攻擊型自我主張的技巧，就能在避免無謂反彈的情況下，順利地將討論引導至理想的發展方向。而若整個團隊都能妥善運用這種溝通方式，就能有助於討論氣氛變得理性和平，防止情緒化的對立。

意見的相左，其實是件非常可喜可賀之事。這一點筆者會在第六章第二節另行詳述。然而，若無法以協調的方式討論相左的意見，就無法活用好不容易產生的多樣意見。引導者應該留意，制止那些以攻擊態度提出意見的人，致力建立一個能讓每個人都能安心發言的協調型溝通場域。

最後，筆者還是必須提醒各位一件事。無論是提問，還是摘要成員的發言內容，引導者的任何行為，都是對團隊活動的一種介入。無論是否有介入的意圖，都無可避免地會對團隊活動產生某種影響。雖說引導者並沒有必要因此就膽怯不前，但應該對自己的言行負起所有責任，盡可能事先預測自己的言行會造成什麼影響，而在最適當的時點、用最適當的方式介入。

【中場小歇】

溝通技巧的遊戲

①把所有在場人員，兩人一組（假設兩個人分別是A與B）。請每一組的兩個人以斜向方式（約四十五度至九十度）對坐。因為若是坐成正面的面對面方式，會形成對立的氛圍，將影響到溝通的內容。

②請A簡單地把「現在覺得煩心之事」說給B聽。像是工作怎麼都做不完、女兒不聽話、戒菸戒不掉……等等之類。

③B一邊以傾聽或複誦的方式向對方表示共鳴，一邊以提問或摘要深化A的發言內容。如果可以，盡可能一邊提出新的觀點，一邊從對方心裡把原因出在哪裡、要怎麼做才能克服這個問題等答案引出來。記得把對方的回答內容記錄在筆記上。

④談話結束後，一邊看著筆記，一邊和對方確認發言內容究竟傳達了多少。而A也應該把對B的溝通技巧有什麼感受、自己的內在狀態有沒有因此產生什麼變化等事項分享給B。

⑤A與B交換角色，重複一次這個遊戲。

第五章

討論架構化的技巧

——嵌合與整理

1 讓成員正確理解彼此的主張

如何正確傳達彼此主張的邏輯？

如果光是相互尊重對方意見，並不能因此激盪出創意的火花。在意見的深度與廣度都到達一定程度後，就必須逐步彙整討論內容——也就是逐漸由展開轉為歸納，從對話到討論。

然而，正如我們時常經驗到的，很多時候當我們想為意見定個歸納方向時，卻發現根本沒有做出具有意義的討論。之前的「討論」，全都是在沒有正確理解彼此主張的情況下，在充滿誤會與曲解中進行。不用說整不整合了，根本連討論內容都是雞同鴨講。

如果情況演變成這樣，引導者就必須扮演橋梁的角色，運用邏輯思考或圖解技術等思考類技巧，為大家串聯討論的內容。

其實討論之所以會產生誤解，要不是因為說話者論點模糊，就是沒提出足夠的資訊供其他人理解他的意見。如此一來，聆聽者（引導者）為了補足資訊，便會以自己的知識擅加解讀，因而招致誤解。為了避免這種情況發生，身為引導者，必須做好穿針引線的工作，讓團隊所有成員對某一項發言，都能擁有同樣的解讀。

在這種時候，最重要的就是「邏輯」。因為一個人無論心情上再怎麼贊同，對於邏輯不通的發言，就是無法真心接受。人只有在對發言者所言感到真正理解與共鳴時，才能真心認同。除此之外，邏輯在促進智慧的交流與建立健全的串聯方面，也扮演著非常重要的角色。

聽到「邏輯」這個詞，很容易讓人覺得很難、很複雜，但說穿了，其實邏輯就是發言內容的條理。一個人只要明瞭「①**起點在哪裡？**②**經由何處？**③**目的地是哪裡？**」這三件事，就能理解應走的途徑。發言也是一樣，只要具備①**做為談話內容前提的知識**；②**主張的根據**（原因或理由）；③**想主張的結論**這三個項目，就能很有條理。而這三項，也被稱為「邏輯的三要點」。

可惜的是，發言有邏輯的人，在這個世界上仍算是少數。大多數人雖然努力要讓自己的話有條理，但還是容易陷入「為了讓自己的主張容易被別人接受，而刻意製造出對自己有利的條理」這種情況。再加上，人們習慣在自己的框架裡組織發言內容，常會在無意間省略部分說明，或將發言內容普遍化，結果造成「自己以為說得很清楚，其實別人聽得很模糊」。引導者必須迅速揪出那些缺點，引導發言者，讓他說出來的內容包含完整的邏輯三要點。

但有一點務必注意，沒有人會在被人指責「說話沒有邏輯」之後還覺得心情愉快。引導者即使要糾舉，也萬萬不可用責備的方式，而應技巧地提醒發言者，讓他自己發覺內容中欠缺的部分，並主動補足。

把做為前提的知識明確化

「這個人到底在講些什麼啊？」相信每個人都曾經在聆聽別人發言時，有過這種感覺。如果發言者沒有把發言內容的出發點（做為談話內容前提的知識）明確化，聽講的人會不知道該站在什麼樣的立場來理解這段內容。

①讓主題明確化

最常見的情況，是發言者含糊地羅列許多抽象詞彙，到底在說些什麼，聽起來似懂非懂。如此一來，會造成每個人對發言內容的解讀各自不同，究竟討論要如何展開，完全讓人摸不著頭緒。為了避免這種狀況，發言時應該確認5W1H、讓主題明確化，大家才能一聽就明白，這段話是「在什麼時候、針對什麼人、要說的什麼話」。

發言者：那些年輕小夥子的不滿，可說已經到了沸點。

引導者：具體來說，是哪些人？對什麼事？有什麼樣的不滿呢？

其中必須特別注意的，是那些使用了像是「大家」「通常」「一直」等意義含糊的字眼，把發言內容普遍化的例子。

發言者：大家一直都對公司的危機管理能力不足，覺得很無力。

引導者：請問所謂的「大家」，指的是哪些人？所謂的「一直」，指的是什麼時候？

②讓做為前提的事實明確化

大多數情況下，當一個人想主張某個意見時，他應該是掌握了某種造成他之所以這樣想的背景、根據或事實。如果發言時能留意把這種「做為前提的事實」也一併說明清楚，不要隨便省略它，發言內容就能變得明確許多。

發言者：我們公司的缺點，就是誰都不想負責任。

引導者：請問你能舉出關於這一點的實例，好讓大家更容易瞭解嗎？

③明確區分事實與意見

此外，現在說出來的內容，究竟是在敘述某件事實，或是表達某種意見，也應該要區分清楚。這一點非常重要。因為聆聽者的興趣與態度，會因為說話者是在發表兩者中的哪一方，而有所不同。

發言者：顧客對我們公司產品的滿意度年年下降。

引導者：請問這是事實，或是你個人的意見？

④明確定義專有名詞或商業用語

在確認前提時應一併注意的，是對用語的定義。因為即使像策略、目標、概念、行銷、流程、管理等日常已隨處可見的專有名詞或商業用語，在解讀上的意義都會因人而略有差異。更何況如果今天是異業跨界的合作專案或是企業購併的交涉談判等等，文化背景各異的人們齊聚一堂開會時，若未能逐一確認用語的定義、並讓大家相互瞭解，將使得這場討論變成雞同鴨講。一旦有了「雖然講的是同一件事，但總覺得好像有什麼不同……」的念頭，第一步就應該懷疑並檢視彼此對於用語的定義是否有所差異。

發言者：面對這種時局，正是最需要總經理發揮領導力的時刻。

引導者：請問你剛剛提到的「領導力」，具體來說是指什麼樣的行為？

⑤清楚定義背後的價值觀

接著，若能瞭解發言者未在談話內容中特別提起、本人覺得理所當然的價值觀，就能更容易全面掌握發言內容。除此之外，這也能成為檢視結論允當性的出發點。

發言者：公司不該因為業績惡化而裁員！

引導者：請問你是站在「公司應該為了社會而存在」這個立場，所以才這樣主張的嗎？

讓成員自行提出主張的根據

所謂「有邏輯的討論」，是指大家都提出各自主張的根據，相互競爭哪一方擁有較高的正當性。因此，如果未能正確地理解對方主張的根據，就無法成為一場有邏輯的討論。

如果發現有人基於錯誤的根據進行論述，引導者就必須促使他自己察覺這一點。做這件事的目的並非是為了摧毀他的主張，而是為了維持討論的效率所做的必要介入。

有時候，也會發生發言者或聆聽者（引導者）都沒察覺不對，討論就這樣不斷進行下去的情況。遇到這種場合，身為引導者就必須發出警示訊號，否則團隊將得出一個錯誤的結論。引導者，也可說是邏輯的守護者。

主張根據不明確的發言，共有兩種。其中一種，是發言者完全未告知其根據是什麼的情況。此時，引導者必須問明白究竟根據或原因是什麼。

①請發言者提出自己的根據

發言者：我們怎麼可能贏得過競爭者？

引導者：請問你是依據什麼而能這樣斷定？

請發言者提出根據，也有另一種做法，不是詢問其理由，而是針對其判斷標準或判斷者詢問。

發言者：若談到開發新產品的速度，我們不會輸給任何其他公司。

引導者：請問你是以什麼樣的標準，做出這樣的判斷？

在詢問發言的根據時，如果是問的技巧不好，可能會使問題帶有「懷疑對方判斷」的色彩，容易因此變成負面提問。因此，如果能區隔人（判斷者）與事（根據），把問題變成正面提問，就能減少那種好像在責備的感覺。

發言者：我們公司很不會培育人才。

引導者：請問是什麼妨礙培育人才？

重新串聯起跳躍式邏輯

主張根據不明確的另一種發言，就是基本上雖然有根據，但其根據並不適當，或是根本不足以成為根據的情況。換句話說，也就是所謂「跳躍式邏輯」。一般而言，我們會拿因果關係、例證、規範（法則或標準）來做為根據，但並非只要隨便存在其中一種就好，而是必須用得正確，否則根據就不會牢靠。

②確認根據的允當性

首先要舉出來的，就是因果關係的謬誤。像是明明沒有因果關係卻被當成有關係的「張冠李戴」，或是因果關係其實很薄弱卻被硬扯在一起的「自尋煩惱」，都是常出現的情況。

發言者：主管要我什麼都巨細靡遺地跟他報告，一點都不信任我。

引導者：要求你提出報告，就是表示不信任的意思嗎？

同樣地，也要注意那種把人與事混為一談，或將行為與人格劃上等號，產生錯誤的對立情況。

發言者：那個白痴經理想出來的提案，怎麼可能成功嘛！

引導者：我們是不是應該針對提案本身進行評估，而不是提案人的能力或個性？

發言者：既然新事業到現在都還不斷失敗，我們接下來就只能回歸本業了。

引導者：除了新事業和回歸本業之外，是不是就沒有第三條路可以走了？

尤有甚者，還有那種直接弄錯因果關係的「巧合謬誤」「倒果為因」「第三因素」等情況。本書限於篇幅不再加以詳述，若希望深入瞭解者，請參閱坊間說明邏輯思考的書籍。

發言者：之前大家辛苦開發出來的產品全都大賣，所以這次也一定沒問題！

引導者：為了幫助大家接受這個看法，能不能請你說明一下「辛苦開發」跟「大賣」之間的因果關係？

發言者：就因為整天只會在那邊猛K商管書籍，所以才一直學不會實務上的工作技巧。

引導者：有沒有可能正是因為缺乏實務工作技巧，所以才用苦讀商管書籍的方式補強？

發言者：就是因為一直降價求售，才會害得產品形象愈來愈差！

引導者：有沒有可能是因為產品本身不好，才必須降價求售以致形象變差？

③確認例證的允當性

第二種可以用來做為根據的「例證」，是一種蒐集一些事例用以證明邏輯正確與否的方法。要使用例證，蒐集到的事例就必須客觀，而且樣本數必須足夠，否則不足以做為根據。當然，若只是羅列一些對自己有利的事例，會導致根據變得薄弱。

發言者：我們部門的女同事看過這則廣告後，認為這個廣告不受女性歡迎。

引導者：光是那樣，就能做出這樣的判斷嗎？

④確認標準的允當性

第三種可以用來做為根據的「規範」，包括了自然法則、一般常識、集團規範、判斷標準等等。理論邏輯一旦確立，便可以用來支持下一個理論邏輯。而個人的觀察結果、直覺、偏見與成見等等，則不能用來做為支持邏輯的基礎。即使是意見領袖或知名專家所下的判斷，也並非絕對能百分之百相信。

發言者：出身財務背景的人，不可能扛得起製造商的總座大任。

引導者：那是你個人的看法，請問其他人有些什麼樣的意見呢？

⑤調查是否還存在其他根據

很多時候，根據不是只有一個，常有存在複數根據的情形。也可能會出現同樣能夠說明結論的其他根據，或甚至是足以推翻結論的新根據。切勿讓自己孤注在一個根據上。隨時留意是否遺漏任何根據的心態，非常重要。

發言者：本年度的營收成長，是因為新產品非常暢銷的緣故。

引導者：原因有沒有可能是來自競爭者的失敗，而不是我們自己的成功？

讓含糊的結論明確化

最後，遇到有人的發言結論不明確時，引導者該怎麼做呢？要記住，含糊的結論或是語意不清的結論，將是導致討論變得雞同鴨講的元凶！

①請發言者把主張具體化

首先，與讓前提明確化時相同，引導者必須盡力排除結論的含糊性，請發言者重新表達一次，盡可能把自己的主張具體化。

發言者：既然事情都發展成這步田地了，不如大家以必死的決心來好好大幹一場吧？

引導者：請問具體來說，你是要提議大家去做些什麼事呢？

②請發言者講出案例或以定量方式表達

另外，引導者還必須盡可能請發言者表達時使用具體案例，或明確說出定量數據，避免造成其他成員對發言內容的理解、解讀方式不一致。尤其應該特別注意的是發言內容的規模，務必隨時確認明確數據。

發言者：如果不馬上做點什麼，我們未來將得承擔天大的負債。

引導者：請問所謂的「馬上」是指什麼時候？「天大的負債」，具體來說大概是多少錢？

③讓思維邏輯明確化

此外，結論可能會因為思維邏輯的不同而有所改變。所以，明確地定位結論，確認發言者究竟是在什麼樣的思維邏輯下說出那些話來，非常重要。

發言者：我們這次的新產品實在棒極了，一定能大賣！

引導者：請問你是和什麼做比較，才得到這個結論的？

④避免出現那些乍聽之下很了不起實則意義不明的詞彙

再者，筆者在此必須舉出一個尤其常見於商界人士的毛病，那就是羅列了一大堆聽起來很了不起、充滿道理的專有名詞，讓人乍聽之下連連點頭稱是，但仔細想想，其實根本不曉得他在說些什麼。人之所以用這種方式發言，理由非常多——可能是為了自我表現，或是逃避責任、自我膨脹或粉飾無知等等——但引導者必須請發言者以簡單易懂的方式，用自己的說法重新說明一次。

發言者：針對組織改造的參與，才是競爭力的泉源。

引導者：能否麻煩你用自己的說法、用比較簡單易懂的方式，再說明一次嗎？

其他像是遇到「推進、活用、強化、充實、評估、徹底化、調整、關照、著手、求取」等等意義含糊的動詞，也必須盡可能請發言者用具體的表達方式，重新說明其代表的意義。

如果發言者重新說明之後結論依然含糊，那麼引導者就必須運用封閉型提問，一步步挖掘出具體的結論。在這種時候，要注意，不要把這件事做得好像在審訊逼問犯人一樣，訣竅就在於要一邊留意現場氣氛，一邊謹慎地進行。

⑤檢查有沒有可能存在其他結論

若能做到這個程度，基本上已堪稱完美，但還有一件事必須仔細檢驗——那就是即使做為基礎的前提與根據都相同，結論亦有可能因為出現了其他新的要素而變得不同。因此，先導出多元化結論，再由結論倒推回前提或根據的作業，是深化討論內容不可或缺的一道程序。

發言者：SOHO族這種業態，把家庭跟工作全混在一起，怎麼可能做得好？

引導者：以前盛行「家庭即工廠」，家庭跟工作不都是一體的？

2 讓重點與定位明確化

以邏輯樹狀圖階層化

當發言者的內容較簡短時，以前面介紹的這些方式就能夠成功搭橋串聯了，但若遇到話多、發言內容又脈絡不明的人時，就有必要以別的方式因應——也就是說，必須對發言者的意見重新做個總整理，以清楚易懂的方式幫對方「劃重點」。

發言者：的確在獲利能力上是有問題，但是，不可能在這之後中止銷售吧？來自賣場的期望到底有多強？成本應該也還有一點空間，不是嗎？只要知道這些，再來就只能眼一閉牙一咬放手去做了，不是嗎？

引導者：換句話說，你是有條件的贊成；而所謂的條件，指的是「確認賣場的需求」以及「還能降低成本的幅度」這兩點，是這樣嗎？

首先要做的，就是想辦法找出整體發言的主幹（也就是主軸，發言者想主張的主要論點），將它簡短地摘要。接著，找出支撐這個主幹的粗枝，依序摘要羅列。如果還有必要，接下來再在粗枝的下面摘要羅列細枝……不斷重複這樣的作業。

重點就是，在腦中想像一個樹狀架構（金字塔結構），把發言內容整理在裡面。用這種方式整理出來的成果，就稱為「邏輯樹狀圖」（Logic Tree，詳見【圖表5-1】）。

整理邏輯樹狀圖時，必須遵守以下三大原則（出處：《金字塔原理：思考、寫作、解決問題的邏輯方法》〔*The Minto Pyramid Principle: Logic in Writing, Thinking and Problem Solving*〕，芭芭拉．明托〔Barbara Minto〕著，繁體中文版由經濟新潮社出版）：

①任何一層的項目永遠都必須是下面同階層項目的總結

比方說，早餐、中餐、晚餐的上一層項目會是「用餐」，而不會是「吃日本料理」。如

【圖表5-1】金字塔原理的邏輯樹狀圖示例

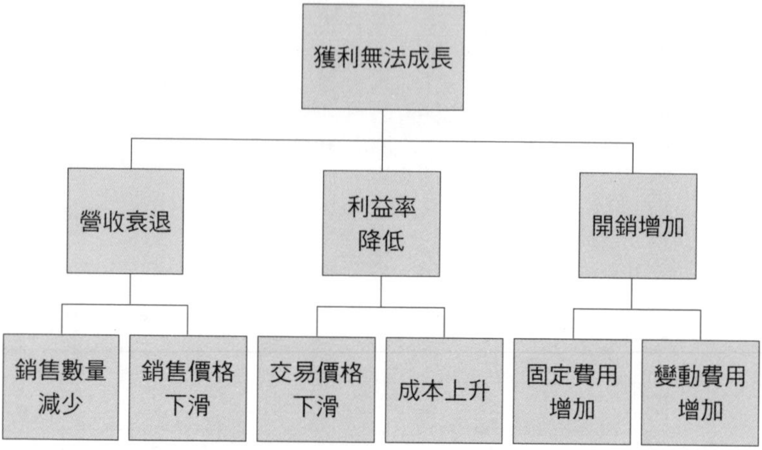

明托的金字塔原理

①任何一層的項目永遠都必須是下面同階層項目的總結

②同階層的項目永遠都必須具備相同的特性

③同階層的項目永遠都必須依照邏輯順序去組織

↓

項目整理為三個左右最清楚易懂

出處：《金字塔原理：思考、寫作、解決問題的邏輯方法》，芭芭拉．明托著，繁體中文版由經濟新潮社出版

▶ 如果上一層的項目未能彼此獨立，互無遺漏地展開為下一層項目，就無法整理出一個清楚易懂的邏輯樹狀圖

果總結錯誤，樹狀架構就無法成立。

②同階層的項目永遠都必須具備相同的特性

人們最容易犯錯的就是這個部分。像是把動物、植物、人類等不同特性的項目放在同一個階層，就是錯誤的整理法。

③同階層的項目永遠都必須依照邏輯順序加以組織

如果能把位於同階層的項目依某種法則排列，就能讓人更容易理解。較常使用的法則，包括領域、時間、位置、重要性、物理量（大小或高低等）等等。再者，組織項目時的訣竅，是最多彙整為三項左右——因為項目一旦超過三個，人們將難以記得。項目太多時，應該評估能不能再增加一層階層；項目太少時，則應該檢視是否有遺漏什麼。以這樣的方式，就能整理出一個簡明易懂的邏輯樹狀圖。

彼此獨立，互無遺漏（MECE）

如此由大分類到小分類用邏輯樹狀圖整理發言內容之後，就能察覺是否有任何遺漏或重複的項目。引導者的另一個重責大任，就是指出這些項目，讓討論內容不致出現疏漏。比方說，前面那段發言例文，乍聽之下似乎合理，但其實遺漏了重要的重點。

發言者：的確在獲利能力上是有問題，但是，不可能在這之後中止銷售吧？來自賣場的期望到底有多強？成本應該也還有一點空間不是嗎？只要知道這些，再來就只能眼一閉牙一咬放手去做了，不是嗎？

引導者：換句話說，你是有條件的贊成；而所謂的條件，指的是「確認賣場的需求」以及「還能降低成本的幅度」這兩點，是這樣嗎？如果繼續推進商品化的條件是這樣，那有沒有必要評估一下，萬一失敗時對事業帶來的風險？

最近，「彼此獨立，互無遺漏」（MECE，Mutually Exclusive, Collectively Exhaustive）這個詞彙，開始在我們的生活中經常地聽到，這是學習邏輯思考的技巧時一定會出現的概念。

一旦有遺漏，就可能忽略了應該評估的重要課題；一旦有重複，則會造成無謂的時間浪費。要把論點整理得互不重複、全無遺漏，才能展開具邏輯且有效率的討論。這是無論你是不是一位引導者，都應該學會的一種概念。

讓討論內容針對同一階層的項目進行

造成討論內容雞同鴨講的原因，有一項是因為每位發言者在談的其實是分屬不同階層的項目。比方說，A以巨觀方式談論著總體情勢，B卻以微觀的個體分析角度進行反駁……等等情況。

筆者在此先岔個題。基本上，每個人各有不同的思考模式，有些人習慣用演繹方式思考事物，有些人則習慣以歸納方式思考。前者會以討論的目的為起點，意圖以大架構的方式瞭解課題；相較於詳細內容，更以概觀全貌為目標，除非已綜觀全局，否則不會想要深入研究細節部分。由於不拘泥細節，可能因此對細部的掌握度較為不足。

相對而言，習慣以歸納方式思考的人，則意圖以不斷累積現況詳細資訊的方式，形塑出將來的樣貌。因此，在還未完全檢驗並接受每個微觀項目之前，不會想往更上面一層挺進。有時候，會因為花費太多時間在研究細部，結果只見樹不見林，或是埋沒在其實無關緊要的議題之中。

這兩種思考模式，並沒有所謂哪個好哪個不好，而是來自於每個人不同的個性，難以輕易改變。所以，引導者只能決定出一個雙方都能接受的進行方式，依照那個方式展開討論。

讓我們再回到主題。當討論內容因為著眼的階層不同而變得雞同鴨講時，引導者就必須明確指出現在是在討論哪個階層，促使大家把發言回歸到同一階層的項目中。而用邏輯樹狀圖整理發言內容，對於協助大家達到這個目的，應該能提供不少助益。

發言者：不管是要培養足以接任總經理的領袖，或是能夠帶領現場進行改革的領導者，如何建立一套系統化的研習方案，不是很重要嗎？

引導者：實在不好意思，可是大家已經決定等一下再來討論詳細的做法。能否請你先針對目的或目標發表意見？

3 討論架構化

每個人都擁有討論架構化的基本能力

活動進行到這裡，成功地引出每個人不同的看法，再逐一進行嵌合後，會出現數量龐大的意見。這時如果放任不管，將無法收拾。也就是說，接下來面臨到的是「如何彙整意見」這個新問題——以起承轉合型流程而言，便是接近「轉」的階段。

容筆者再岔個題。解決問題的關鍵，在於「細分」。因為如果問題太大或是太複雜，不加以任何處理，就會超過我們人類的理解範圍，連究竟應該從何處下手都弄不明白……有時不但弄不清該從何處著手，甚至連要掌握問題的全貌，都會變得困難重重。

為了幫助我們的腦袋較容易處理問題，唯一的解法，就是將大問題切割為小問題。這個概念，在所有的解決問題方式裡都是共通的。唯一的差別，只在整體與部分、目的與手段、原因與結果、內容與流程、長期與短期等，依問題的特性差異，有著各種不同的拆解方法而已。

把大問題拆解為小問題，就比較容易區分出核心部分與非核心部分。接下來，對各個小問題逐一標出優先順序，決定哪個問題應該怎麼處理之後，再重新組合為全貌。這就是現在愈來愈普及的「化約主義」（Reductionism）式問題解決法。

而彙整意見的作業，其做法也完全相同。要先將各種意見分類，否則連該如何著手都無從知曉。換句話說，也就是藉由整理各種意見，一方面掌握全貌，一方面找出重要的論點。

分類整理這個行為，無論對象是資訊或是物品，方法都一樣。比方說，要是有人請你「把這一千件衣服整理一下」，大概無論是誰，用的都會是同一套方法——先把這些衣服依照內衣、襯衫、T恤、外套等方式分類後，接下來再依各個不同季節，對各大類服裝做更細微的分類。

換句話說，這也就是綜合運用了「把歸屬同類的東西放在一起」（分類化）與「排列順序」（系統化）這兩個方式，對事物進行整理。這整個過程便稱為「架構化」，是人類大腦為了理解複雜的事物，所與生俱來的基本思考模式。

討論視覺化的意見彙整圖

但是，即使我們打算把討論內容架構化，除非你是個少見的天才，否則光只在腦中進行這些作業，便是件相當困難的事。實務上，我們通常會逐一寫下每個人的發言內容，一邊進行分類整理，一邊找出其間的關係，一步步將它們結構化。而為了輔助這樣的作業，開發出了一種稱為「意見彙整圖」的技法（詳見【圖表5-2】）。

所謂的意見彙整圖，若以一言蔽之，便是一種「把討論內容視覺化的技術」。也就是透過即時性地將討論內容可視化（圖解）的方式，把每個人的言論從你來我往的「空中作戰」，轉變為腳踏實地的「地面作戰」。

發言內容被以白紙黑字記錄下來，就能用雙眼確認自己想傳達的訊息已確實傳達，能給人一種安心感。還能成為團隊共通的紀錄，對於避免重複提出相同意見或發生鬼打牆似的討論有所助益。還能把意見與發言者切離，讓與會者用客觀方式觀察、思考，把精神集中在討論的重點上。此外，圖解還能刺激創造力，對擴大討論範圍亦有其效益。

在討論結束之後，意見彙整圖即能保留下來，做為結論紀錄以及討論過程紀錄。筆者強

【圖表5-2】意見彙整圖的製作流程

●場地安排

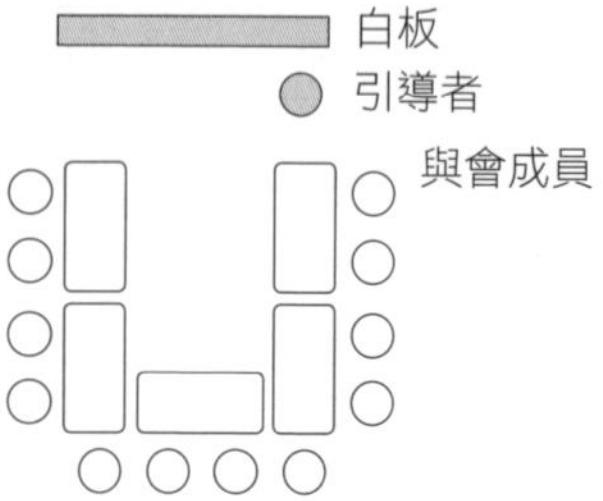

ㄇ字型（馬蹄形）

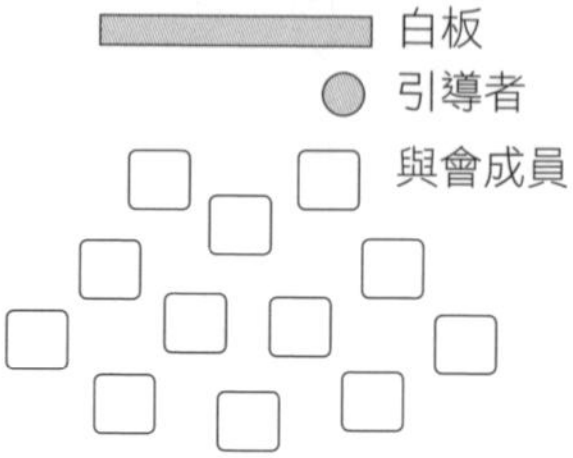

扇型

●七個工具

①碼錶、②數位相機、③白板筆、
④活動掛圖、⑤便條紙、⑥紙夾筆記板＋紙、
⑦標籤貼紙

●基本步驟

①把關鍵字（關鍵句）寫下來
②把關鍵字（關鍵句）加上裝飾
　著色、外框、對話框、加底線、做記號、畫星星、加緞帶……
③標記各關鍵字之間的關係
　因果、對立、循環、分歧、關係的強弱、直接或間接……

⬇

④活用圖解的基本模式

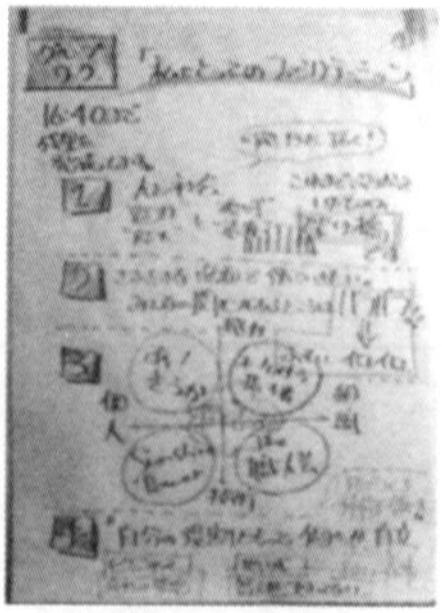

照片出處：〈日本引導者協會　九州研究會資料〉（暫譯，原名〈日本ファシリテーション協会九州研究会資料〉），志賀壯史著。

▶ 意見彙整圖並非由引導者自己任意描繪，應該隨時取得與會成員的確認，以整合所有人的議論烈建議各位，不只是會議或研習會，即使是稍微討論點事情或是面談等，都應該一邊畫意見彙整圖，一邊進行討論。

在會議裡，最方便的方式就是就地取材，直接以會場現有的白板使用。而運用活動掛圖或海報紙，把寫完的東西陸續張貼到牆壁上，也是個好方法。最近，愈來愈多人直接使用電腦及投影機進行這項作業。而若是二到三人左右的小型討論，拿張影印紙，大家圍著它一邊寫一邊進行討論，也是個不錯的方式。

意見彙整圖的製作方法

若要在會議中使用意見彙整圖，應該讓與會成員面對白板，坐成ㄇ字型（馬蹄型）或是扇型。引導者則站在白板旁，用二至三種顏色的白板筆，記錄下發言內容。如果同時要控制會議進行又要記錄會太手忙腳亂，也能由兩個人分攤工作（但請注意，如果兩個人默契不佳，反而會讓作業更難進行）。

意見彙整圖的基本製作方法相當簡單。首先，以簡要的方式將發言重點摘要出來，或是抽出關鍵字（關鍵句），將它們以條列式（列大綱）逐條寫下來。此時需要的，是盡可能不損及其原意，又不至於讓文句過長，以純熟方式進行彙整的摘要能力。

接著，因為純粹條列無法看出輕重緩急，所以應該用圖形框住關鍵字，或把關鍵字加底線，或區分顏色等等，對其施加裝飾。使用對話框加記注解或是添加某些記號，也是常用的手法。如果能加上一些小插圖，也有緩和現場氣氛的效果。

然後，再運用箭號，把重點和重點之間的相互關係表達出來。一般最普遍的做法，是用箭號的種類和方向來表示關係的種類，並以箭號的粗細來表示關係的強弱。完成這些作業之後，各個意見之間的相互關係就能變得清楚明瞭。如果有數值資訊，應該盡可能用圖表方式表達，才容易讓人掌握其意象。當討論結束後，把意見彙整圖用數位相機拍下來留作紀錄；以後無論是要以電子郵件發送給大家，或是要用它當作基礎資料製作會議紀錄，都很方便。

引導者的圖解工具箱：意見彙整圖的四個基本模式

使用意見彙整圖逐條記錄發言內容後，白板上會漸漸寫滿東西，導致辛苦討論的過程，變得愈來愈難以看清。

如果遇到這種狀況，就要在討論到某個程度、意見已經差不多都講完了時，在別的空間

（另一張紙）上，重新把資料整理一次。或者也可以用另外一種方式，就是一開始先專心引出大家的意見、把發言內容記在腦海裡，等到討論的結構大致呈現之際，再把意見整理出來。

有時候，我們會事先就知道該運用哪一種結構來整理，最能把討論內容整理得一絲不紊。如果是這種情況，那麼不妨在一開始就先把空白的結構提示給大家，讓大家以填空的方式展開討論（但此時務必留意，避免讓成員產生被引導者操控的感覺）。

為了應付這種時候的需求，引導者如果能記住那些可在整理資訊時使用的基本模式，會非常方便。雖然只有四大類基本模式，但各大類底下則分別存在許多不同的圖解工具。其中有不少是過去就已運用在品質管理等活動中的工具，在協助我們用合邏輯且有效率的方式解決問題上，已然不可或缺。

這些工具也稱為「引導（解決問題）工具」。身為引導者，應盡可能熟記愈多愈好，並須有能力依照目的或團隊的狀況，隨心所欲地選用最適合者。由於選用何種工具將會左右討論的方向，故引導者的責任相當重大；也正因為如此，選用工具時，切勿由引導者單方面決定，務必取得整個團隊的共識。

本書受限於篇幅，無法對所有工具詳加解說，只能針對四大基本模式的特徵及個別的討論方式，做個粗略的說明（詳見【圖表5-3】）：

①互不重複、全無遺漏地整理的樹狀型

「樹狀型」模式，在前面邏輯樹狀圖的部分已經為各位說明過了，它是一種把事物依序由大分類（樹幹）整理到小分類（樹枝）的方式。這是世界上最常被拿來運用的整理法，無論任何事物都能整理得清爽乾淨。像邏輯樹狀圖、決策樹（Precision Tree）、魚骨圖（又稱石川圖）、心智圖（Mind Map）等，都是這個模式的代表工具。

以樹狀型方式將事物結構化的優點，在於能夠進行包羅性的討論。比方說，當我們想要找出某個重大問題的根本原因時，就必須檢測所有的原因。在這種時候，要是出現了重複或遺漏，可能就會因此忽略了重大因素。而如果善用樹狀型模式來整理意見，就能展開一場全無空隙的討論。

此外，如前所述，「樹狀型」工具在整理因每位發言者所談的分屬不同階層，而導致討論變得雞同鴨講時也非常便利。如果遇到脫離主題、完全不屬於樹狀圖中任何位置的發言，

【圖表5-3】引導者的圖解工具箱：意見彙整圖的四大基本模式

<table>
<tr><th>模式</th><th>代表性工具</th><th>示例</th></tr>
<tr><td>樹狀型</td><td>• 邏輯樹狀圖
• 決策樹
• 魚骨圖
• 心智圖</td><td>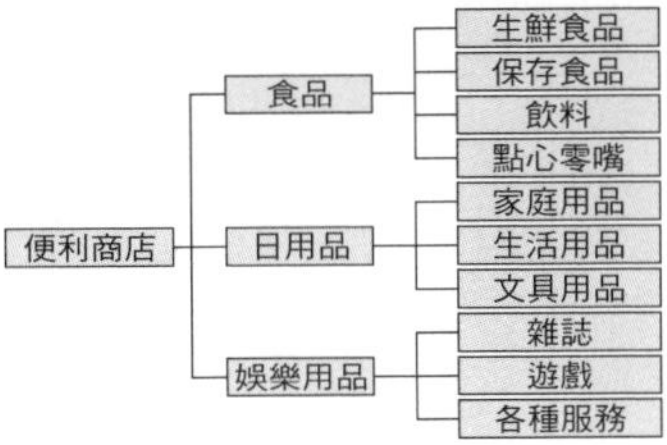
</td></tr>
<tr><td>派餅型</td><td>• 圓形交疊圖
• 集合圖（范氏圖）
• 親和圖
• 金字塔圖</td><td>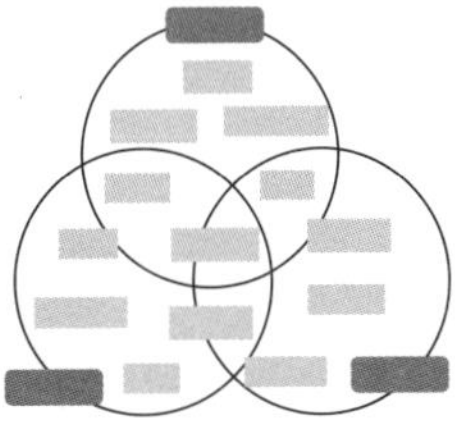</td></tr>
<tr><td>流程型</td><td>• 流程圖
• 程序圖
• 關聯圖
• 系統圖</td><td>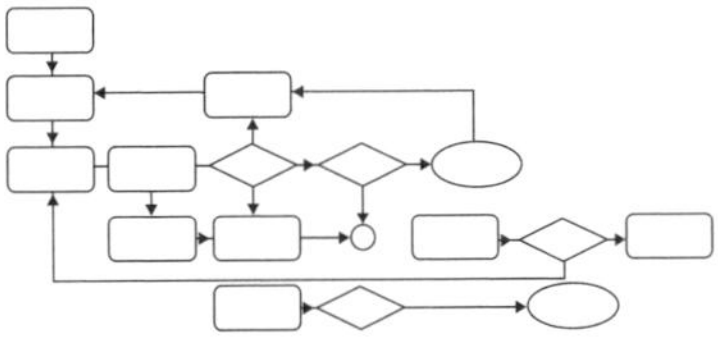</td></tr>
<tr><td>矩陣型</td><td>• T圖表
• 定位圖
• 產品組合矩陣
• 決策矩陣</td><td>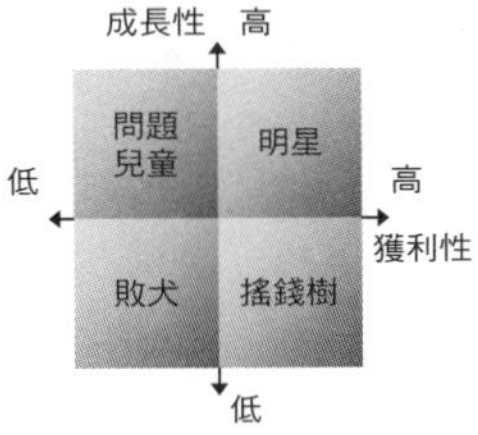
</td></tr>
</table>

▶ 除上述列示者外，還有許多其他引導用的工具，應依據問題的特性及團隊的狀態等，選用最適合者

只要先將它記錄在圖的角落，承諾待會兒一定會再回來討論它，就可以了。如此一來，就能給予發言者安心感，讓他不至於誤會自己的發言遭到忽視。這種手法，稱為「資料臨停區」（Parking Lot）。

②交疊帶來新發現的派餅型

當議論中出現多種因素、無法將其單純區分時，該使用的就是「派餅型」的整理工具。這種工具，是用圓圈把具有相似特性的項目圈在一起，再以圓圈的重疊狀態表示各項目群之間的關係。圓與圓全無交集的情況就是「獨立」，有所重疊的就是「交疊」，而若大圓圈裡面涵蓋著小圓圈就是「包含」。這個模式下的代表性工具，包括圓形交疊圖（Pie Cross Chart）、集合圖（Venn Diagram，又譯范氏圖）、親和圖（Affinity Diagram）以及金字塔圖（Pyramid Chart）等等。

以派餅型工具將意見結構化之後，就能清楚看出意見集中的部分，以及完全未被留意到的部分。如果討論重心有所偏頗，只要敦促與會成員填補空白部分，就能擴張討論的內容。

此外，透過交疊在一起的數個圓圈，有時能讓人創思出原本想都沒想到的新組合，對於催生出全新看法，非常有幫助。再者，由於這類工具能讓人一眼看清各種意見的重合狀態，所以能協助我們找出眾多意見裡的最大公因數。

③用來整理複雜關係的流程型

當事物呈現出連鎖串聯的形態（比方說，原因和結果的關係）時，樹狀型或派餅型的整理工具，都無法發揮其功能。這種時候我們該使用的，是表達流動順序的「流程型」工具。這類模式的代表性工具包括流程圖（Flow Chart）、程序圖（Process Map）、關聯圖（Relationship Diagram）與系統圖（System Chart）等等；而所謂的系統思考（System Thinking），就是善用此類圖表以求解決問題的手法。這些圖表都是以時間上的先後關係為基礎，用箭號連結各個項目，以簡單易懂的方式表達事物的連鎖關係。

以流程型方式將事物結構化的優點，在於能夠協助大家針對事物的流程進行討論。世上許多問題彼此間均環環相扣，如果未深入其結構進行分析，就無法展開觸及本質的討論。因此，流程型議論的進行方式就是以這些工具為基礎，去找出「**該從哪裡動手，才能以最小的投入獲得最大成果**」的支點。

④一刀兩斷拆解討論的矩陣型

對討論內容進行結構化作業時，最強力、也因此使用難度最高的工具，就是「矩陣型」工具。這類型工具能由諸多切入點中抽出造成對立關係的論點，以該論點為軸心，整理出討論的全貌。這類型工具大致可分為表格型與圖表型兩大類，代表性的則包括T圖表（T-Chart）、定位圖（Positioning Map）、產品組合矩陣（Product Portfolio Matrix，又稱BCG矩陣）、決策矩陣（Decision Matrix）等諸多種類。

矩陣型工具在面對論點錯綜複雜的討論時，最能發揮威力，能把處於混沌狀態的內容以一刀兩斷的方式拆解劃分，依照各個不同的切入角度聚焦論點。此外，它也能運用在另一種完全不同的用途上，就是組合複數的切入點，強制與會成員產出意見。

然而，正因為其威力太強，所以縱軸（行）與橫軸（列）分別選用什麼樣的切入點，將大為影響討論內容是否能整理得乾淨漂亮。換句話說，要使用這種工具，就必須擁有能看出最適軸心（切入點）的洞察力。依設定的軸心不同，議論方向將在某個程度上被決定，故依工具的使用方式，能把議論誘導到對引導者有利的方向去——所謂的使用難度高，就是指這件事。因此，這類型工具應該策略性地使用，以引導出富含內容的討論，但在設定軸心時，應該在取得團隊同意的前提下進行。

活用各種現成架構

有時候，引導者會有雖然明知該用哪個工具最好，但卻不曉得該以什麼切入點來進行結構化的情況。此時如果能善用一些已經被整理得彼此獨立、互無遺漏的現成架構，將會很有幫助。

比方說在商業領域中，就有人才、物品、財務、研發、製造、銷售等各式各樣的現成架構。其中有許多分析架構直接以各要素的英文縮寫取名，像是SWOT（優勢Strength、劣勢Weakness、機會Opportunity、威脅Threat）或是3C（公司Company、顧客Customer、競爭者Competitor）等。而放眼社會領域，亦有許多像是食・衣・住或是個人・組織・社會等分析架構。本書到目前為止，也運用了許多諸如起承轉合、內容與思考框架、外顯知識與內隱知識等現有的既成架構，來對各位讀者做說明。

這些現成的架構，換句話說，就是前人在整理資訊時所研究出來的「最佳解法」。知道得愈多，就愈能活用各種不同的切入點整理討論的內容。建議各位讀者應該把各種現成基本架構整套記在腦海裡，以備不時之需。

但這裡必須提醒各位注意的是，太過依賴現成架構，也是一件危險的事。因為既有架構雖然能幫助我們減少遺漏或疏忽，但以一成不變的架構去理解所有發言內容，將導致團隊難以產生嶄新的想法。稍有不慎，甚至有可能造成討論內容被限制在某種窠臼裡，最後除了一些冠冕堂皇的樣板意見外，什麼也得不到。

現成架構雖然方便，但最理想的做法還是不斷地嘗試各種不同的切入點，逐步找出最適合該討論的分析架構。如果總覺得有什麼地方不對勁，也要有從頭開始再來一次的勇氣。

最後要提醒各位讀者，世界上有少部分人士，天生就是不善於理解圖表，或是無法進行「分類」的作業。這無關於優點或缺點，純粹只是每個人的思考模式不同而已。而這類人士，有時卻會較其他人擁有更強的直覺力。所以，硬是要強迫這些人接受圖表分析模式，並不是一件值得稱許的做法。如果遇到這樣的團隊成員，比較理想的方式是以文章說明，或是以其他容易浮現意象的方式舉例等等，務求找出符合此人思考模式的分析方法。

【中場小歇】

意見彙整圖（Facilitation Graphic）的練習

① 把用來當成練習題的文章發給大家。文章應盡可能選擇簡單易懂的內容，大約A4大小一張左右（一千字至一千五百字）最為適當。比方說，報紙上的社論或是專家執筆的網路雜誌專欄等等，通常主張明快、邏輯結構完整，最容易使用。至於主題，則應該盡可能選擇平易近人、每個人都熟悉的領域。發下去後，首先請大家仔細讀完文章，理解其內容。

② 請大家從該文章中抽出重點，以大綱方式（寫下標題與條列式內容）將其主旨系統性地整理出來。

③ 完成大綱後，接下來將大綱進行圖解，逐步結構化。

④ 當所有人都完成之後，讓大家幾個人湊在一起，相互參考其他人的大綱及圖解，討論彼此整理重點的方式和彙總方式的差異。

⑤ 討論完畢後，回顧自己的彙總方式以及可再改善之處。

第六章

形成共識的技巧

——彙總與分享

1 以理性民主的方式做出決策

當意見已被充分引出、並整理到某個程度之後，終於要開始朝向團隊決策進入形成共識階段。這是由不同思考框架孕育出全新思考框架的最重要步驟，而引導者如何掌舵，將會對結論造成巨大的影響。因此，引導者的責任非常重大。

引導者除了理所當然地依照情況採用最合適的形成共識手法，更必須動用至今為止學習到的所有技巧，隨時配合無時無刻不在變化的團隊狀況，進行調整與修正。話雖如此，但引導者畢竟不是調停者，並沒有必要插手調整成員的意見，或是想要斡旋出某種妥協方案。引導者該做的事，是控制活動的進行過程，以促使團隊自行做出決策。

用標準評估選項以進行決策

以集團方式進行決策的方法有很多，其中最理性、最合邏輯的方式，就是依據某個標準對各選項進行評估，選出其中的最佳選項（詳見【圖表6-1】）。接下來，筆者將為各位介紹幾種常用在會議或研習會裡的代表手法：

①優缺點對比法

把所有選項列成一排，分別列舉各選項的優點和缺點。優點最多而缺點最少的方案，就是應該選用的最佳方案。這是最單純的做法，適用於選項不多或是能以直覺方式理解各選項的優點與缺點時。

②報償矩陣

報償矩陣（Pay-Off Matrix）是一種常在解決問題型的研習會中使用的方法。當意見較多時，我們可以用可行性（執行難度高低）與收益性（收益報酬大小）為X軸與Y軸，畫出一個2×2矩陣，將各選項依特性填進所屬的象限。最理想的方案，就是執行難度低而效果佳者。如果有滿足這項特性之選項，便是該採用的最佳方案。而X軸與Y軸的設定方式除了前述可行性與收益性外，還有成本（投入成本大小）、效果期間（短期或長期）等各種切入

【圖表6-1】引導者的決策工具箱：找出最適合的方式做決策

●優缺點對比法

	優點	缺點
方案A	① ② ③	① ② ③
方案B	① ② ③	① ② ③

●報償矩陣

	執行容易	執行困難
收益小	馬上可行	浪費時間
收益大	最理想方案	須投注努力

●決策矩陣

權重	收益性	可實現性	成長性	親和性	波及效果	合計
	×3.5	×2.0	×2.5	×1.0	×1.0	
方案A	10	7	1	5	3	59.5
方案B	1	5	1	3	10	29.0
方案C	5	1	7	1	7	45.0
方案D	1	10	3	7	1	39.0

●採用多數決時應注意之重點

① 多數決應盡可能運用於減少選項，而非用在最終決定的場合
② 以多數決做重要判斷時，應尋求提出方案者的同意，並取得團隊的共識
③ 若無論如何須在最終決定時使用多數決，應先將各方意見充分整合進方案裡

●共識法的重點

① 以民主且合邏輯的方式進行討論
② 要重視與大家意見不同的少數派意見
③ 致力思索並找出能讓所有人接受的方案，切勿輕易放棄

▶ 各種評估或比較的手法雖可做為輔助判斷的有效工具，但最終仍必須訴諸團隊的共識決定

方式可供選擇。

③決策矩陣

決策矩陣主要是運用在評估項目眾多，報償矩陣已不敷使用之場合。一開始，先設定收益性、可行性、成長性等數個評估項目，再依個別的重要度設定權重。接下來，分別對每個選項的各個評估項目評分，加權後求其總分。最後，加權總和最大的那個方案，就是最理想的方案。

④等值交換法

等值交換法（Even Swap）是一種遇到眾多評估項目，且各項目之間的評估基準盡皆相異時，非常方便的方法。比方說，我們現在要對排氣量二千西西、定價八十萬日圓的轎車和排氣量二千五百西西、定價一百二十萬日圓的休旅車做比較。以目前狀況，很難比較出什麼名堂，所以依排氣量與定價之間的關係，換算成若轎車排氣量為二千五百西西的話，價格將相當於一百萬日圓。如此一來，就能把排氣量摒除在評估項目外，單純只看價格比較其優劣。無論評估項目有多少項，只要不斷重複這個步驟，就能讓決策過程單純化。

理性決策的陷阱

像這樣以定量評估方式做出決策的方法，優點是評估標準明確，能做出合乎理性的決策，也較容易取得成員的共識；還能具體回顧決策的過程，所以能對方法本身進行檢討，改善為更加優異的做法。還能透過對評估標準的討論，磨合成員的價值觀。

然而，若各位實際試過以後就會瞭解，這些方式意外地容易受評估者當時的心理狀態影響。依評估者的心情不同，評估結果也會呈現出相當大的差異，難以防止**框架效應**（Framing Effect）（譯注：指人們因為情境、問題和訊息被陳述與呈現的方式不同，而影響最後選擇的現象）、**錨定效應**（Anchoring Effect）（譯注：指人們在做決定之際，過於依賴某單一項目或資訊之傾向）、**沉沒成本效應**（Sunk Cost Effect）（譯注：指人們在判斷是否進行某件事時，常把已經付出且無法回收的成本也納入考量的傾向）等判斷上的謬誤。評估結果的些微差異，事實上並不具有太大意義。總而言之，並非光靠這些評估方式，就能機械式地做出決策來。

更何況，如果決策出來的是一個雖然評估過程合理、但沒有人打算去實行的方案，或是過度追求理想的不切實際方案，都只會造成最後結果無法獲得執行，而落到一事無成的下場。反倒是那些雖然不能算是最優秀、但能獲得團隊全心全力支持的方案，出乎意料地，經常能得到令人驚喜的成果。

說得更露骨一點。如果單純只求用前述的功利觀點進行評估，那麼無論引導者是否在場，團隊應該都能做得出決策來。但正因為這個階段會觸及規範與情緒上的複雜問題，而那又將影響到團隊執行時的幹勁，所以才必須仰賴引導技術。

徹底以理性方式評估過各個選項之後，最後仍必須藉由團隊的商議，來做出真正的決策。別忘了，「沒有包含意志力在裡面的決策，根本稱不上是決策」！

運用多數決

在商業領域中也許較少用到，但在一般的團隊進行決策時，多數決是個常被使用的方法。其優點在於，所有人都能以平等立場參與，以民主方式做出決策。但卻也可能造成獲選的不見得是最佳方案——有時候，甚至還會發生在全體多數同意的情況下，選出了一個錯誤答案。

因此，多數決這種方式，應該盡可能只運用來減少選項數目，切勿使用在最後的決策場合，比較不會出問題。如果無論如何都得在最終決策時使用，那麼在投票前務必先充分研擬方案，將少數派的意見整合進多數派的意見中。

接下來，筆者要介紹的是一些以多數決方式減少選項數目的技法。而以下介紹的所有手法，都並非單純只以多數決的方式刪除選項，而是在面臨重要判斷時，必須尋求提出方案者的同意，並取得團隊的共識。每個手法都下了許多工夫設計，以減少多數決可能造成的弊害。

①多層次投票法

這種投票法並非採用一人一票的方式，而是讓每個人擁有複數張選票，因此稱為多層次投票法（Multi-Voting）。每個人能把手中的票投給複數選項，投完後得票低的選項，在取得團隊成員同意後將其刪除，然後繼續下一輪投票。重複數輪這樣的作業後，選項的數目應該會減少到某個程度，最後如果有某項得票特別多的選項，就針對該選項是否為最佳方案進行討論，決定是否採用之。如果遇到有複數選項得票差不多時，就針對那些剩餘選項討論贊成或反對，以全員共識的方式，而非以多數決的方式，決議出最後的方案。

②群體提案評估法

群體提案評估法（Nominal Group Technique）是一種運用多數決方式，對選項排出優先順位的方法。一開始先用腦力激盪，讓成員提出各種意見，腦力激盪結束後，逐一對各種意見進行評估，能夠整合的就彙整在一起。接下來，每位成員各自選出心目中最佳的五個選項，用第一名五分、第二名四分……的方式進行投票。最後，合計各選項的總得分，挑出前五名（或前十名）。最後則和多層次投票法相同，針對剩餘選項再進行一次討論，以全員共識的方式選出最佳方案。

運用共識決

以團隊力量做決策的最理想方式，就是匯集眾人之力，擬出一個能讓大家都認同的方案。因為這種方式既容易產出團隊綜效，又可獲得全員接受，因此可行性甚高。這種手法被稱為「共識決」，常被運用在以社會性共識形成為首的各種領域中。

共識決的做法，並非把某人的意見強迫推銷給全體成員，或是以多數力量強制通過一個部分成員無法接受的方案等。而是以全員之力，制定出一個雖然對每個人而言不見得是最佳解，但能夠受到團隊全體成員支持的方案。

在建立共識的過程中，需要注意的重點一共有三項。

第一，**必須以理性且民主的方式進行討論**。「不受情緒左右、專注以邏輯方式進行討論」的這項基本態度，在建立共識時也一樣必須遵守。因此，必須嚴禁有人運用地位權勢，或是成員之間發生彼此交易、私相授受之情形。

第二，**必須重視異於主流的少數派看法**。多數派應該用心傾聽少數派的意見，切勿想要駁倒他們。而少數派人士則千萬不可為了避免衝突，而輕易撤回或是改變自己的意見。要讓少數派的意見確實存在，才能形成真正的共識，也才能做出優秀的決策。

第三，**必須用盡耐心與毅力**，**努力思索出能讓全員接受的方案**。要建立起共識，必須投注相當的時間與精力；切勿因為失去耐性，而輕易動用多數決，或做出衝動性的決策。當發現了似乎能讓所有人一致接受的方案時，也不可不評估其他意見就直接捨棄之。無論如何，都要仔細檢討目前的方案是否還有可再改善之處，以追求真正的最佳方案。

實務上在使用共識決時，一共有三種進行方式：①在取得全體成員同意的情況下，逐步刪除選項；②整合複數意見，彙整出能讓所有人都接受的方案；③擬出比目前剩餘選項都還要好的最新方案。

為了建立好的共識，無論採用的是上述哪一種方式，引導者的穿針引線都非常重要。並非只要彙整出共同意見就行了，而是必須在形成共識的過程中一路留心，盡可能地提升最終方案的被接受度。

而且，如果引導者插手介入協調意見或是提出斡旋案，那就不是引導了。引導者必須只對過程進行管控，至於會產生什麼樣的內容，得放手交給成員自己去思索。這需要有相當的耐心慢慢推動，但相信達成目的後，將會帶來巨大的成就感。

2 相互協調化解矛盾

衝突可產生創意

只要人與人聚在一起談話，就一定會產生意見或意識上的分歧（差異）。如果彼此之間不存在任何關係，那麼即使出現分歧，也不會有什麼問題。但是，如果該談話的目的是為了調整意見以達成某個共同目標，那情況就不同了。大多數情況下，差異將導致對立；而如果無法消除對立，就休想達成目的。

我們把由於意見或意識的差異而造成的對立、糾葛、矛盾與紛爭等，統稱為「衝突」。衝突不僅妨礙決策，嚴重時甚至可能造成團隊分裂。而愈是像自律型組織這般由許多人自動自發著手負責的情況，衝突便會愈增加。只要身為引導者，就難免會遇到衝突；而能否把衝突處理妥當，則端視引導者如何發揮技巧。

首先，必須請各位記住的是，衝突絕對不是一件壞事。日本人的民族性向來不善於處理衝突。由於文化上太過於注重「和」字，因此總希望盡可能避免衝突；即使有衝突，也會在表面上裝出一副沒事的樣子，或是輕易妥協，希望能消除對立。

但是，如此一來，好不容易能夠運用的「衝突的優點」，就無法發揮功效了。衝突能為團隊帶來新的視野與緊張感。為了解除衝突，成員們就必須以多角度、多面向的方式提出各種意見，對所有可能性進行評估。而這，將能帶領團隊孕育出全無遺漏的創造性方案。

引導者必須以積極的態度面對衝突，將衝突轉化為正面的能量。此外，也必須在發生衝突時對其採取正面態度，促使團隊建立同樣的氛圍。有時候，引導者甚至必須在沒有衝突時，刻意製造出衝突，以活化討論。要能夠做到這樣，才有可能引導團隊做出優秀的決策。

以將心比心的方式理解思考架構

為了解除衝突，首先我們必須瞭解產生衝突的機制。

如同前面第三章所述，我們每個人都擁有不同的思考框架。而這不僅是造成溝通觸礁的最主要原因，更會導致意見產生分歧。

表面上看來，衝突代表的是意見本身（內容）的對立。然而，事實上衝突所呈現出來的，卻往往是位於該內容背後的思考框架之對立。因此，只要是人際關係，就避免不了分歧或衝突。想要避開它們，反而是件不自然的事。

基於這樣的脈絡，我們可以發現為了解除衝突，光讓思考框架互相衝撞並不會產生任何結果，必須相互理解並尊重彼此的思考框架才行。

當衝突發生時，引導者應該做的事情，便是促進成員們加深對彼此的理解。首先用「A先生，請問你覺得B小姐的意見是什麼？」等問題，確認成員們是否都已經正確地理解了彼此的看法。

接下來，再問：「那麼，我想請教B小姐，您的意見是基於什麼樣的考量？」如此一來，藉由提問可以問出意見背後的相關脈絡（context）。

然後，再以「A先生，那請問你覺得為什麼B小姐會提出這樣的意見？」的方式，確認成員們對彼此思考框架的理解度。在這些方面都沒有問題了，才表示大家對彼此想法的內容與思考框架都已經有了正確的理解。

然而，光是這樣，說不定A先生也只是純粹「知道」B小姐為什麼會這樣想，並未真正打從心底「理解」對方的心情（也許A先生心裡還是想著：「B小姐的意見根本不足取！」）。如果無法「將心比心地理解B小姐的主張」，那就不能算是真正的理解。

因此，引導者必須更進一步詢問A先生：「**那麼，如果你的處境和B小姐一樣，你會提出什麼樣的意見呢？**」以確認A先生是否已對B小姐的意見產生將心比心的理解。如此一來，團隊才能開始朝向真正的相互理解與解除衝突，邁開腳步。

引導者就像這樣，必須串聯起大家的思考框架（脈絡）。為了達到這個目的，引導者本身就必須能夠將心比心地理解成員們的各種意見。身為引導者，必須有著能夠接受任何思考框架的靈活度。

能將心比心，就不會演變成贏者全拿、輸者全失的情況

成員們能夠理解彼此的思考框架之後，接下來就要朝向化解對立開始對話。

常常會有人有這樣的誤解。雖然「對立」必須被消除，但「分歧」並不需要。每個人都不需要去改變自己的意見或思考框架。必須做的事是，在相互認同彼此差異的情況下，針對目前的問題，一起想出能讓雙方都感到滿意的方案。要改變一個人的思考框架，難如登天。

而如果弄錯了這一點，將使得討論陷入永無止境的各說各話當中。

在這個階段也一樣重要的，就是方才說明過的「將心比心的理解」。如果只顧慮到自己的主張，只想盡可能多得到一點，那麼就幾乎不可能對對方的主張有所讓步。請站在對方的立場想想看，對對方而言，面對這樣的情況，會讓他產生出什麼樣的利害關係與心情？如此一來，相信你應該也會發覺，這對雙方而言並不是一個理想的做法。

如果能提出一個不光是考量自己的立場、也兼顧對方立場的主張，相信對方也比較能接受。因為面對這樣的主張，即使自己的部分稍微做些讓步，也不至於產生「敗北」的心情，在情緒上比較不會留下疙瘩。

也因此，引導者應該盡量用像是「A先生，請問你是不是瞭解你現在的提案對B小姐而言代表什麼意義？」的方式，促使大家對其他人產生將心比心的理解。這一點非常重要。

尋求雙贏方式以消除對立

前面說明的消除對立模式，是建立在「某一方得到的更多，另一方得到的就更少」的「有輸就有贏」（Win-Lose）的關係上。但其實還有一種更理想的方式，就是以追求雙方都同時成為勝利者的「雙贏」（Win-Win）為目標。

比方說，A先生無論如何都不能妥協的部分，B小姐就在這方面讓步。取而代之的是，兩人努力思考是否有別的方式，能夠實現B小姐的主張。同樣的，針對B小姐堅持的部分，A先生則做出讓步，改為尋找以其他方式達成A先生的期望。像這樣針對彼此無法退讓的部分相互交換，便能以雙贏的方式消除雙方的對立。

或者是，把造成對立的核心原因挖掘出來，將它消滅，用這種方式直接讓對立消失，也是一種做法。如此一來，雙方都能達到百分之百的滿意，是最理想的消除對立方式。

想要達成如此高同意度的對立化解，唯一的方式，就是成員們都將心比心地互相理解、有耐心有毅力地持續對話，以求讓所有人能拿到的餅加起來達到最大。而引導者必須做的事，則是引導討論進行，不要讓結果出現唯一的勝利者，或是讓討論交涉內容重複著說服與讓步。

順帶一提，要以「雙贏」方式消除對立，必須在團隊中存在信任關係，且討論能在協調的氣氛中進行，才有可能實現。而這樣的理想關係，必須在發生對立之前就先塑造出來。一旦對立發生了才想要重新修復關係，往往已經是回天乏術。

若以這個角度觀之，那麼整場引導活動的總成果——如何建立一個高水準的場域——也許就在於能夠化解多少衝突。如果引導者能促成團隊以本身的力量，從頭到尾好好地做到這一點，那麼想必成員們對引導者也將產生絕大的信任。

領導者與引導者之間的矛盾

當團隊好不容易跨越各種衝突、整合出一個最終方案時，便完成了一項巨大的挑戰。由於領導者與引導者通常是由不同的人擔任，故是否採用團隊所提出來的最終方案，便交由領導者做出最後的判斷。

如果方案被順利採用，自然皆大歡喜。但如果遭到否決，又該如何處理？想必領導者做出來的，一定是個困難的抉擇；而為什麼做出這樣的決定，領導者則有責任對團隊詳細說明。另一方面，引導者該做的事，不是硬把團隊的結論塞給領導者，而是應該盡力讓領導者充分瞭解整個討論的過程。基於上述這樣的基礎，確認團隊已經徹底進行過討論、而領導者將會承擔判斷的責任後，團隊便應遵從領導者的決定。

而如果是領導者兼任引導者的情況，則除非狀況極為特殊，否則沒有理由不採用團隊決議的方案。也許領導者心中會對這一點感到不安，但領導者的意志，應該在平常就要以組織使命或管理哲學等方式，透過日常的溝通，讓它滲透在整個團隊裡。只要有做到這一點，團隊應該不至於決議出一個太偏離軌道的結果才是。反倒是只對團隊交代了該等大方向、之後就放手讓各個成員進行領導，才是支援型領導者應該採取的正確態度。

3 永不停止的學習

確認成果與擬定行動計畫

當流程進行到做出決策之後，整個活動的目的就算已經完成了。然而，引導者的工作卻尚未就此結束。因為一切的知識創造活動，除了產出行動計畫或報告等有形的成果之外，還會在參與者心中引發「看不見的效應」。

知識創造活動將在團隊或成員內心，種下新的學習種子，成為讓大家更加成長的養分。成員們要彼此確認從活動中得到的新發現，思考其意義，將它連結到下一次的行動，才能真正讓那份學習扎根。引導者的工作，要做完這個階段才算結束。每次活動結束後，引導者都必須促使參與者重新回顧一次整個活動的過程。

本書一開始就提到，所謂的支援型領導，指的是一種「讓每位成員都成為領導者」的領導風格。為了達到這樣的效果，就必須培育成員自動自發的自主性，讓大家能夠自律成長。而達成此目的的最佳方法，就是這裡為各位介紹的「回顧」。

本書已在第三章說明過深化學習的流程，因此在這裡，筆者僅針對具體推動成員進行回顧的提問法做介紹（參考資料：《引導者的訓練》，暫譯，原書名《ファシリテーター・トレーニング》，津村俊充等著）。希望各位讀者務必把這些問題好好記下來，列為引導者腦中必備的基本題庫。

①促使成員們自我發覺

「請問，你在活動裡做了什麼？」
「什麼事沒有做？」
「在活動中感受到了什麼？」
「思考了些什麼？」

②促使成員們分享各自的發現

「請把自己發現的事情說給別人聽。」

「請問其他人也是一樣嗎？」

「有什麼不一樣的嗎？」

③促使成員們思考其意義

「請問對你而言，那代表著什麼意義？」

「為什麼會那樣覺得？（為什麼那麼做？）」

④促使學到的事情普遍化

「請問你從那裡頭學到了些什麼？」

「在那裡頭有哪些原理原則在運作？」

⑤促使成員們思考如何應用

「請問你學到的事情能應用在什麼樣的場合（時候）中？」

「請問你的課題或行動目標是什麼？」

⑥促使成員們實際執行

「請問為了解決你的課題，有什麼是必須的？」

「請問如果解決了（不解決）你的課題，能獲得什麼？」

回饋帶來自我成長

在回顧的過程中最重要的事，就是獲得來自成員的優質「回饋」。要瞭解自己，其實是件很不容易的事。就像不照鏡子，便無法知道自己看起來是什麼樣子，很多關於自己的事情，如果不是被他人點出來，自己根本不會發現。要瞭解自己那連自己都不太清楚的思維傾向、思考框架（脈絡）、潛在能力等，最好最快的方式，就是請別人為我們指出來。

所謂「優質的回饋」，指的是盡可能以具體的方式，把觀察對方的行為或態度後感受到的事情，或是那些行為或態度對自己的影響，傳達給對方知道。傳達時，不需要批評或提供建議，也不可說出彷彿想要控制對方行為的話來。把回饋傳達給對方之後，對方要怎麼想、怎麼做，全憑對方決定。我們只需要把自己當成一面鏡子，把對方實實在在的狀況映射出來，只要讓對方知道就可以了。

針對回饋的有效性，心理學家周瑟夫・魯夫特（Joseph Luft）與哈里・英格漢（Harry Ingham）提出了一個叫做「周哈里窗」（Johari Window）的模型。

周哈里窗把每個人的內心世界，用自己知道／不知道、他人知道／不知道的區分法，分割成一個2×2的矩陣（詳見【圖表6-2】）。如此一來，矩陣裡就會出現四個領域：①**開放我**、②**隱藏我**、③**盲目我**、④**未知我**。

如果能積極地向他人開誠布公，①**開放我**的範圍就會往②**隱藏我**的方向擴大；而如果能透過他人的回饋自我省察，①**開放我**的範圍就會往③**盲目我**的方向伸展。也就是說，如果能產生「先接受自己，而他人又對自己開誠布公的部分進行回饋」的良性循環，④**未知我**的範圍就會愈變愈小。透過這樣的方式，自我潛能便能獲得開發，也就能達成自我成長的目的。

【圖表6-2】周哈里窗（Johari Window）

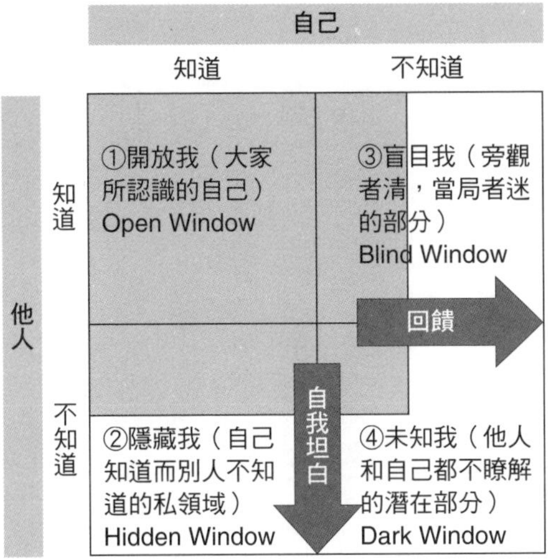

▶只要不斷重複進行「回饋」和「自我坦白／開誠布公」，未知我就會變得愈來愈小，以成就自我的成長

回顧是讓成員們成長的絕佳機會，而引導者本人也應該給成員適當的回饋。對成員而言，這應該是勝過一切的禮物。

【中場小歇】

共識法的練習

①把所有人分成數個小組，每組約四至六人。
②請每個人心裡想一個「如果整個組一起出遊，想要去哪裡？」的地點。
③每個人各自說出自己想去的地點，接下來，用協商的方式決定這個組要去的地方。
④協商時，請注意以下幾點，以獲得「協調性的解決」為目標：

- 切勿輕易妥協或動用多數決。要選出一個讓所有人都感到滿意的出遊地點。
- 切勿攻擊他人。時時提醒自己以協調的方式溝通。
- 仔細傾聽別人的主張，相互尊重位於彼此主張底下的本質欲求。

⑤完成出遊地點的選擇後，整個組一起對「經由什麼樣的過程選定出地點？」「選定地點的關鍵因素是什麼？」「在選定地點的過程，下了些什麼工夫？」等事項進行回顧。
⑥最後，每組輪流上台發表，分享從這個練習裡學到的事情。

第七章

開始實踐引導技術

1 用引導來改變會議

如何改變僵化、淪於形式的內部會議

做為本書的收尾，筆者為各位讀者示範一下，在實際場合中該如何運用本書所教導的引導學技巧。

〈假設情境〉

業務經理A總是為了每個星期召開一次的部門內部會議而頭痛。這個會議是以A經理為主席，集合了銷售、行銷、客服等各子單位主管與幹部們共十二人開會，目的是讓大家共同掌握現有的問題，決議出整個業務部該採取的策略方向。雖然理想上是這樣，但現實上，這個會議卻淪為各主管各自報告工作進度，以及提出藉口說明為什麼沒有達成目標之場合，難以展開具有改進意見的討論。

心中焦急不已的A經理發言愈多，部屬們就愈緘默，不知不覺整場會議變成了A經理一個人的演講會。因為沒有人有任何意見，所以A經理就認為大家都接受他決定的結論，但事實卻完全相反——每個人都陽奉陰違——A經理決定的事情，根本未能按照預期般獲得實行。然後到了下個星期，同樣的狀況就又再重演一次，一直不斷地重複這樣的循環。

A經理把這個煩惱向人事經理傾吐後，人事經理告訴他有一種值得嘗試的手法叫做「引導學」。A經理立刻帶著部屬B課長一起去上了兩天一夜的課，把整套基本技術學了回來。今天，就是B課長將要以引導者身分初試啼聲的日子。引導究竟能發揮多少作用？A經理抱著既期待又不安的心情，走進了會議室。

不限於前述A經理的內部會議，事實上有許多會議，都是由同一個人擔任決策者與主持人，造成所謂的會議，只不過是用來對那個人所構想出來的結論加以確認，讓它合法化的機器。站上主席位置的人，其實並未受過如何讓會議有效率進行的訓練，也幾乎未具有任何能力，能把解決問題的流程與工具用於協助共識的形成。

透過引導課程瞭解了這件事的A經理與B課長，會用什麼樣的引導方式來把會議導向成功？讓我們繼續一步步看下去。

設計一場解決問題型的會議

在會議的前一天，A經理與B課長針對「要營造一場什麼樣的會議？」做了深入完整的討論。兩人的共同想法，都是希望把內部會議塑造成一個能讓各子單位的主管與幹部暢所欲言、由大家一起解決問題的「參與式合作的場域」。為了達到這個目的，兩人決定把整場的主持都交給B課長負責，A經理只在會議開始時稍微陳述自己的基本想法，就退居幕後，默默旁觀整個討論的進展。

為了與形式化的會議區隔，兩人還設計出一套略帶有研習會要素在內的會議流程——用比以往略長的時間，前半段透過對話（詳見第三章第二節〈徹底熟悉各種基本流程〉的對話與討論），讓大家建立起共識；後半段則針對目前面臨的課題，討論（詳見第三章第二節的對話與討論）該採取的做法。

具體做法，是混合起承轉合型流程（詳見第三章第二節的起承轉合型流程）與解決問題型流程（詳見詳見第三章第二節的解決問題型流程），架構出以下的主要步驟：①**共同理解問題點**、②**把期望目標明確化**、③**思索如何達成目標**。接著，再決定出各步驟應獲得的成果、使用的工具、討論的形式（分組討論或全體討論）等等，把這些彙整成一個簡單的會議流程表（程序圖）。

然後，既然要以新形態召開會議，為求兼具轉換心情之效，兩人決定連開會地點都做些變動。會議在何處舉行，會對場域的氣氛產生微妙的影響。離開辦公室太遠，與會者的玩心就會變強；但若靠辦公室太近，思考模式就無法獲得充分的轉換。最後，兩人決定向稍微離開辦公室的營業處借用會議室，讓大家在能感受到現場氣氛的環境中進行會議。此外，為了讓所有與會者都能不受職級與立場等拘束，自由地交換意見，還訂下了「沒有派系之分」「沒有不可碰觸的禁忌」等數條團隊基本規則。（詳見第三章第一節〈設計團隊活動的場域〉的③規範）

深掘事實，將問題結構明確化

接下來，終於到了會議當天。一開始，B課長先針對這次會議的目的做介紹，說明在會議裡引導者與主席扮演的角色有什麼差異。接著，A經理起身說明站在整個業務部立場的基本想法與身為上司的期望後，宣布今天的討論內容，將全部放手由B課長及所有與會者主導。

最初的步驟，是兼具破冰效果（詳見第三章第三節的以「破冰」活動創造場域），讓各與會者自由提出問題意識的階段。首先由B課長打破沉默，舉出發生在昨天的意外狀況，坦率地說出在自己負責的區域遇到的煩惱，以及對整個業務部的不滿。

一方面因為有人先開第一砲而獲得勇氣，另一方面也因為B課長的鼓動，剛開始對於這完全異於過去的進行方式感到困惑的與會者們，漸漸打開心防，開始說出了內心話。而無論什麼樣的發言內容都真摯聆聽的B課長，以及和平常完全不同，徹底保持沉默，只是靜靜點頭溫暖守候著討論發展的A經理的存在，更大大提升了大家說話的信心（詳見第四章第一節〈傾聽的力量——用傾聽帶來共鳴〉）。

接著，在大致上的共同理解與團隊意識成形之後，B課長開始要求大家，一邊相互提出具體的資料或事實，一邊深入思考「我們正面對的問題究竟是什麼」。在這個階段，全部與會者能否抱持當事人意識相互分享問題點，將導致會議結果產生很大的不同。因此，B課長要大家多花點時間仔細談談，業務部現有的問題究竟代表了些什麼意義。

在討論的過程中，B課長發覺銷售、行銷、客服這三個單位的問題，其實複雜地相互影響，因此提議以「流程型」工具（詳見第五章第三節〈將討論架構化〉）來對問題做個整理。B課長請大家把問題寫在小卡片上，張貼在白板上，一邊調整位置，一邊畫上各種箭號，找出各個問題間的因果關係。

一整理之下，令人訝異的是，各子單位面對的問題，呈現出明顯的循環結構，清楚地顯示出若非各單位通力合作，否則無法解決問題。這個發現，是這次會議裡非常重大的收穫。因為如果是像以往那種僅停留在表面上的空談，將難以讓大家的問題意識共享到這種地步。這使得B課長對引導的有效性，產生了更深切的體認。

以參與式合作擬出最佳方案

由於問題結構已經在前半段的議論中明朗化，所以後半段的步驟，就要由全體與會者一起思考出解決問題的方法（詳見詳見第三章第二節的解決問題型流程）。

首先，B課長要求大家對目標取得共識，看看究竟要把問題解決到什麼地步。沒想到，卻在這裡遇上了意料之外的困難。與會者徹底分成了兩派，一派主張研擬出需要花費較長時間，但能百分之百解決問題的方案；另一派則認為應該擬定一個立刻就能看到效果的速效方案。在雙方火力全開的討論之後，回歸到當初會議一開始時A經理訴求的期望，好不容易才做出把目標設定在後者之決議。

如此一來，現況和目標均已明確，開始進入思考應如何縮短兩者間距離的步驟。以往到了這種時候，都會演變成各單位互推責任，主張「自己這邊已經全力以赴了，應該是要其他單位多加點油才是」的情況。但這次的會議裡，不容許這樣的事發生——因為呈現出來的問題是循環式結構，如果自己什麼都不做，只把責任推給他人，那麼問題就會像滾雪球般愈滾愈大，最後又滾到自己那邊去。

因此，為了切斷這樣的惡性循環，B課長要求大家對「自己的單位能夠做些什麼？」進行討論。B課長請所有與會者依照銷售、行銷、客服分成三組，進行腦力激盪（詳見第三章第二節的展開／歸納型流程）提出意見。

然後，B課長用分析成本效益的報償矩陣（詳見第六章第一節的用標準評估選項以進行決策）彙總大家提出來的意見，讓全員一起討論哪裡是「該在哪裡動手，才能以最小的投入獲得最大效果？」的支點（詳見第五章第三節〈意見彙整圖的四個基本模式〉的③用來整理複雜關係的流程型）。到了這個時候，「連銷售單位都那麼認真了，我們部門也……」「我們可以做到……這些事，你們那邊有沒有辦法盡量配合一下？」等信任與參與式合作的關係已然成形，漸漸地，甚至連B課長的引導都不需要了。

最後，大家決議出了一個與過去完全不同、擁有高效執行力的方案；也決定三個單位將一致團結徹底執行。這個方案以與會者全體達成共識的方式提出給身為主席的A經理後，順利獲得採用（詳見第六章第二節〈領導者與引導者之間的矛盾〉）。過程中拚命忍住想要發言的A經理，也對這預期之外的優異結果大為滿意。確認大家將以最快速度著手擬定具體的行動計畫後，結束了這場內部會議。

看著眼前那些體會到團隊之力有多美妙的業務部同仁們，B課長明確感受到「這是個好做法」。在此同時，B課長也對整場會議進行回顧，發現了幾項自己未來須解決的課題。

首先，B課長發覺不能只學會如何解決問題，還必須再學會「如何透過活動對組織本身進行改革」的系統化手法。如果不能做到那樣，就無法由根本解決問題。而為了建立一個能夠自我解決問題的組織，自己必須更加磨練技術，累積各種不同的經驗。

另外一項，則是在進行前述工作的過程中必定會碰到的——因應各種衝突的方法（詳見第六章第二節的衝突可產生創意）。像這次會議，也在目標設定的階段發生嚴重的對立；如果好好反省，應該能找出更好的處理方法。這次由於是以略嫌強勢的方式選定一個結果，造成有與會者未能充分融入會議，因此索性擺出不合作的態度。這一點，也讓B課長留下遺憾。B課長深知，如果無法學會那些處理與「人」有關之事的訣竅，只會造成不同意見的人思考框架（脈絡）相互硬碰，在真正高難度的會議場合，將無法再像這一次那樣順利。

2 以成為支援型領導者為目標

在場域中學習，在場域中修鍊

如何？各位是否已經對引導學產生更具體的意象了？

閱讀完本書，相信各位已經能夠瞭解，引導學是一門非常高深的技術。要學會引導，必須具備心理學與管理學的廣泛知識，以及高度的溝通和思考技巧。

雖然閱讀本書或是到專業機構受訓，都能讓你學到某種程度的基本知識，但光靠那樣，並無法進行真正的引導。要真正學會某種技巧，唯一的方式就是透過體驗；累積實戰經驗，是讓自己進步的唯一方法。透過實際體驗，除了提高自己的應用技巧之外，另一件相當重要的事，就是磨練出無論面對何種場合都不會畏懼的膽識。

前面也已經強調過，光是增加引導的場次，並無法深化自己的學習。請記得務必要取得團隊的回饋，回顧自己的表現。來自成員的回饋，才是引導者真正促使自己成長的動力，也是團隊能送給引導者的最佳禮物。

尤其是以成為專業引導者或支援型領導者為目標的讀者，除了學習高度的專業知識之外，唯一能讓自己更上一層樓的途徑，就是不斷重複體驗學習的循環。能得到多麼優質的回饋，以及能將它與學習結合到什麼程度，便是提升自我能力的關鍵。如果說，建立參與式合作的場域是引導者的天職，那麼，在自己建立起來的參與式合作場域中修鍊，就是引導者的成長之道。

營造參與式合作的場域，賦予活動意義

用這樣的方式不斷累積修鍊、研究一流的專業技術之後，應該也會漸漸發現，引導的世界裡，並不是只存在著知識與技術。你會發覺真正具有重大影響力的，是一個人擁有的使命感與存在感、對人和社會的責任感、或是奉獻精神；最後，總歸一句，就是「待人處事的修養」。因此，世界上存在著雖然未曾受過特別訓練，卻能把引導者的角色扮演得恰如其分的人物。

即使如此，一開始就打算直接靠「待人處事的修養」來面對挑戰，則是個錯誤的想法。因為所謂待人處事的修養，是要在不斷徹底經歷過本書介紹的那些技巧之後，才會成為深層知識（Deep Knowledge），化為自己的一部分。而當你能用一種大愛包容整個團隊，視團隊的喜悅為自己的喜悅時，才能夠成為一位受人信賴的引導者，真正引領組織與社會前進。

在最後，筆者則要提醒各位讀者，萬萬不可忘記「引導者要有遠大的志向」。所謂必須站在中立立場，並不是要引導者拋棄自己的志向、成為看不見的透明人。無法對組織活動感到意義的人，就無法推動他人。要引出參與式合作的力量，引導者就必須賦予活動意義。這裡所謂的意義，是遠遠大於當事者的討論內容，應該以「胸懷大志」稱之的一種遠大理念與使命。引導者要把這樣的能量毫不吝惜地注入場域中，以催生出參與式合作的力量。

營造人與人參與式合作的場域，賦予活動意義——這才是身為支援型領導者的引導者，真正應該成就的責任與義務。

推薦參考書目

●關於引導學（第一章）

- 《解決問題的引導者》（暫譯，原書名『問題解決ファシリテーター』），堀公俊著，東洋經濟新報社出版，二〇〇三年。
- 《卓越引導者手冊》（暫譯，原書名 *The Facilitator Excellence Handbook*），法蘭・芮斯（Fran Rees）著，Pfeiffer出版，一九九八年。
- 《引導學：從實踐中學習技巧與心態》（暫譯，原書名『ファシリテーション 実践から学ぶスキルとこころ』），中野民夫、森雅浩、鈴木Mari子、富岡武、大枝奈美合著，岩波書店出版，二〇〇九年。
- 《如何進行會議》（暫譯，原書名 *How to Make Meetings Work!*），大衛・史特勞斯（David Straus）、麥克・多伊爾（Michael Doyle）合著，Berkley Trade出版，一九九三年。
- 《第五項修練II實踐篇》（*The Fifth Discipline Fieldbook: Strategies and Tools for Building a Learning Organization*），彼得・聖吉（Peter M. Senge）等著，繁體中文版由天下文化出版，一九九五年。
- 《場域的邏輯與管理》（暫譯，原書名『場の論理とマネジメント』），伊丹敬之著，東洋經濟新報社出版，二〇〇五年。

•《領導力與新科學》（暫譯，原書名 *Leadership and the New Science: Discovering Order in a Chaotic World*），瑪格瑞特・J・惠特萊（Margaret J. Wheatley）著，Berrett-Koehler Publishers出版，二〇〇六年。

●引導學的應用（第二章）

•《研習會入門》（暫譯，原書名『ワークショップ入門』），堀公俊著，日經文庫，日本經濟新聞出版社出版，二〇〇八年。

•《研習會》（暫譯，原書名『ワークショップ』），中野民夫著，岩波新書，岩波書店出版，二〇〇一年。

•《引導者》（暫譯，原書名『ザ・ファシリテーター』），森時彥著，Diamond社出版，二〇〇八年。

•《為什麼公司無法改變？》（暫譯，原書名『なぜ会社は変われないのか』），柴田昌治著，日經商業人文庫，日本經濟新聞出版社出版，二〇〇三年。

•《專案引導學》（暫譯，原書名『プロジェクトファシリテーション』），白川克、關尚弘合著，日本經濟新聞出版社出版，二〇〇九年。

•《讓學校變得更有朝氣的引導者入門講座》（暫譯，原書名『学校が元気になるファシリテーター入門講座』），Chonseiko著，解放出版社出版，二〇〇九年。

•《教育研修引導者》（暫譯，原書名『教育研修ファシリテーター』），堀公俊、加留部貴行合著，日本經濟新聞出版社出版，二〇一〇年。

•《對話力》（暫譯，原書名『対話する力』），中野民夫、堀公俊合著，日本經濟新聞出版社出版，二〇〇九年。

●場域營造（第三章）

•《如何建立成功的團隊》（暫譯，原書名『チーム・ビルディング』），堀公俊、加藤彰、加留部貴行合著，日本經濟新聞出版社出版，二〇〇七年。

•《會議工場》（暫譯，原書名『ワークショップ・デザイン』），堀公俊、加藤彰合著，日本經濟新聞出版社出版，繁體中文版由台灣東販出版，二〇〇八年。

•《引導學革命》（暫譯，原書名『ファシリテーション革命』），中野民夫著，岩波Active新書，岩波書店出版，二〇〇三年。

•《參與的設計工具箱（Part 1~4）》（暫譯，原書名『参加のデザイン道具箱（Part 1~4）』），淺海義治、伊藤雅春等著，世田谷社區營造中心，一九九三年至二〇〇二年。

•《參與型研習會》（暫譯，原書名*Participatory Workshops: A Sourcebook of 21 Sets of Ideas and Activities*），羅伯特・錢伯斯（Robert Chambers）著，Routledge出版，二〇〇二年。

•《傳遞知識、互相串聯的場域設計》（暫譯，原書名『知がめぐり、人がつながる場のデザイン』），中原淳著，英治出版，二〇一一年。

•《實踐社群》（*Cultivating Communities of Practice: A guide to Managing Knowledge*），愛丁納・溫格（Etienne Wenger）、理查・麥代謀（Richard A. McDermott）、威廉・施耐德（William Snyder）合

著，繁體中文版由天下文化出版，二〇〇三年。

●高效溝通的技巧（第四章）

- 《引導者的訓練》（暫譯，原書名『ファシリテーター・トレーニング』），津村俊充、石田裕久合編，Nakanishiya出版，二〇〇三年。
- 《建立人際關係自我訓練》（暫譯，原書名『人間関係づくりトレーニング』），星野欣生著，金子書房出版，二〇〇三年。
- 《卓越的引導者》（暫譯，原書名*The Skilled Facilitator: A Comprehensive Resource for Consultants, Facilitators, Managers, Trainers, and Coaches*），羅傑・史瓦茲（Roger M. Schwarz）著，Jossey-Bass出版，二〇〇二年。
- 《歷程諮詢》（暫譯，原書名*Process Consultation Revisited: Building the Helping Relationship*），艾德・施恩（Edgar H. Schein）著，Addison Wesley Longman出版，一九九八年。
- 《會心團體的引導學》（暫譯，原書名『エンカウンター・グループのファシリテーション』），野島一彥著，Nakanishiya出版，二〇〇〇年。
- 《引出「真心話」的提問力》（暫譯，原書名『「ホンネ」を引き出すの質問力』），堀公俊著，PHP新書，PHP研究所出版，二〇〇九年。
- 《屬人思考的心理學》（暫譯，原書名『屬人思考の心理学』），岡本浩一、鎌田晶子合著，新曜社出版，二〇〇六年。

●討論架構化的技巧（第五章）

・《討論視覺化的意見彙整圖》（暫譯，原書名『ファシリテーション・グラフィック』），堀公俊、加藤彰合著，日本經濟新聞出版社出版，二〇〇六年。
・《邏輯討論》（暫譯，原書名『ロジカル・ディスカッション』），堀公俊、加藤彰合著，日本經濟新聞出版社出版，二〇〇九年。
・《引導者的工具箱》（『ファシリテーターの道具箱』），森時彥著，繁體中文版由先覺出版，二〇〇八年。
・《鍛鍊邏輯腦》（暫譯，原書名『論理アタマをつくる！ロジカル会話問題集』），船川淳志、生方正也合著，朝日新聞出版，二〇〇八年。
・《管理顧問的提問力》（暫譯，原書名『コンサルタントの「質問力」』），野口吉昭著，ＰＨＰ商業新書，ＰＨＰ研究所出版，二〇〇八年。
・ＩＳＩＳ編輯學校《直傳！企畫編輯術》（暫譯，原書名『直伝！プランニング編集術』），松岡正剛編，東洋經濟新報社出版，二〇〇三年。
・《邏輯思考的第一本書》（暫譯，原書名『はじめてのロジカルシンキング』），渡邊Paco著，Kanki出版，二〇〇八年。

●形成共識的技巧（第六章）

・《解決問題的交涉學》（暫譯，原書名『問題解決の交渉学』），野澤聰子著，ＰＨＰ新書，ＰＨＰ

研究所出版，二〇〇四年。

- 《強化人與組織的談判力》（暫譯，原書名『人と組織を強くする交渉力』），鈴木有香著，自由國民出版，二〇〇九年。
- 《決策入門（二版）》（暫譯，原書名『意思決定入門（第2版）』），中島一著，日經文庫，日本經濟新聞出版社出版，二〇〇九年。
- 《團隊引導學》（暫譯，原書名『チーム・ファシリテーション』），堀公俊著，朝日新聞出版，二〇一〇年。
- 《和不對盤的人交談的技術》（暫譯，原書名『不都合な相手と話す技術』），北川達夫著，東洋經濟新報社出版，二〇一〇年。
- 《U型理論》（暫譯，原書名*Theory U: Leading from the Future as It Emerges*），C・奧圖・夏默（C. Otto Scharmer）著，Berrett-Koehler Publishers出版，二〇〇九年。
- 《世界咖啡館》（*The World Cafe: Shaping Our Futures Through Conversations That Matter*），華妮塔・布朗博士（Juanita Brown, Ph. D.）等著，繁體中文版由臉譜出版，二〇〇七年。
- 《形成共識》（暫譯，原書名『合議の知を求めて』），龜田達野著，共立出版，一九九七年。

圖表索引

國家圖書館出版品預行編目（CIP）資料

Facilitation引導學：有效提問、促進溝通、形成共識的關鍵能力／堀公俊著；梁世英譯. -- 二版. -- 臺北市：經濟新潮社出版：英屬蓋曼群島商家庭傳媒股份有限公司城邦分公司發行, 2023.04
面；　公分. --（經營管理；100X）
譯自：ファシリテーション入門
ISBN 978-626-7195-22-2（平裝）

1. CST: 組織管理　2. CST: 團隊精神　3. CST: 領導　4. CST: 問題導向學習

494.2　　112003499